THE INTERPRETATION
OF DREAMS

梦的解析

潜意识心理研究

［奥］西格蒙德·弗洛伊德 著

石磊 编译

中国商业出版社

图书在版编目（CIP）数据

梦的解析 /（奥）西格蒙德·弗洛伊德著；石磊编译. -- 北京：中国商业出版社，2024.3（2024.7 重印）
ISBN 978-7-5208-2743-0

Ⅰ.①梦… Ⅱ.①西…②石… Ⅲ.①梦—精神分析 Ⅳ.① B845.1

中国国家版本馆 CIP 数据核字（2023）第 231057 号

责任编辑：林 海

中国商业出版社出版发行
（www.zgsycb.com 100053 北京广安门内报国寺 1 号）
总编室：010-63180647 编辑室：010-83125014
发行部：010-83120835/8286
新华书店经销
三河市刚利印务有限公司印刷
*
880 毫米 ×1230 毫米 32 开 6 印张 140 千字
2024 年 3 月第 1 版 2024 年 7 月第 3 次印刷
定价：35.00 元
* * * *
（如有印装质量问题可更换）

序

　　我尝试在本书中描述"梦的解析",相信在这么做的时候,我并没有超越神经病理学的范围。因为心理学上的探讨显示梦是许多病态心理现象的第一种,如歇斯底里性恐惧、强迫性思想、妄想等都是属于此现象,并且因为实际的理由,很为医生所看重。由后遗症来看,梦并没有实际上的重要性;不过由它成为一种范例的理论价值来看,其重要性却相对地增加不少。不管是谁,如果他不能解释梦中影像的来源,那么他也不可能会了解恐惧症、强迫症或妄想症,并且不能借此给患者带来任何治疗上的影响。

　　不过形成本书主题的重要性的原因也为本书造成了一些缺陷。本书里有许多失落的线索,以致我的论述常常不得不中断,其数目不亚于梦的形成和比较容易被了解的病态心理问题两者间所存在的许多相关点。关于这些问题,我不便在本书中加以讨论,不过如果时间和精力允许,并且能够得到更多的资料,那么我以后将陆续地加以探讨。

　　造成发表本书困难的另一个原因是那些用来说明"梦的解析"的材料的特殊性。在阅读本书时,读者自然会明白为什么那些刊载于文献上,或者来源不明的梦都不能够被我利用,而只有我自己以及那些接受过我心理治疗的患者的梦才能够有资格被选用其中。我较少采用患者的梦,是因为其梦形成的程序由于现存的神经质特征而有不必要的混杂。不过在发表自己的梦时,我又不可避免地要将许多私人的精神生活暴露在众人面前——超过我所愿意做的,或者超过任何学者(诗人除外)发表其论述时所要牵涉的私人事情。这是我的痛苦,但却是必要的,与其完全地舍弃在心理学上发现的证据,我宁可选择这样做。当然,我无法避免以省略或替代品来取代我的一些草率行为。然而这么一来,它的价值就降低了不少。我只希望读者能设身处地地站在我的困难立场上想一想,多多包涵。另外,如果有谁发现我的梦涉及他时,请允许我在梦中有思想自由的权利。

弗洛伊德

前　言

　　西格蒙德·弗洛伊德(1856—1939)，奥地利精神病医生、心理学家、精神分析学派的创始人。1856年5月6日出生于摩拉维亚一个犹太商人之家。他4岁时随家人迁居维也纳，17岁考入维也纳大学医学院，25岁获医学博士学位。后开业行医，从事精神病的临床治疗工作。在探寻精神病的病源方面，弗洛伊德抛弃了当时占主流的生理病因说，逐步转向了心理病因说，创立了心理分析学说，认为精神病起源于心理内部动机的冲突。他思考敏锐、分析精细、推断循回递进、构思步步趋入，在探讨问题中，往往引述文学、历史、医学、哲学、宗教等材料，揭示出人们心灵的底层。

　　弗洛伊德认为被压抑的欲望绝大部分是属于性的，性的扰乱是精神病的根本原因。1897年，他对自己进行了艰苦的自我分析，提出了恋母情结，即仇父恋母的情绪倾向。弗洛伊德的主要著作有《梦的解析》《性学三论》《精神分析引论》《文明及其缺憾》等。

　　弗洛伊德的《梦的解析》出版后，像一把火炬照亮了人类心理生活的深穴，揭示了许多埋藏于心理深层的奥秘。它不但为人类潜意识的学说奠定了稳固的基础，而且建立了人类认识自己的新的里程碑。书中包含了许多对文学、教育等领域有启示性的观点，引导了20世纪的人类文明。在本书中，弗洛伊德以流畅的语言一一分析了其中所蕴含的深刻含义，他第一次科学地解释了人们为什么会做梦？为什么会做奇奇怪怪的梦？梦意味着什么？梦诉说着什么？梦将人们引向何方等一系列困扰人类数千年的疑问。弗洛伊德引用了大量的梦作为实例，对有关梦的问题从各个方面进行认真的探讨。从潜意识活动和决定论观点出发，指出梦是愿望的满足，绝不是偶然形成的联想，即日有所思，夜有所梦。

本书是以科学的方法来分析和研究"梦"的著作。在本书中，弗洛伊德通过对梦的科学性探索和解释，发现了"梦的工作"原理，以令人叹为观止的开创精神指出"梦是愿望的满足"，挖掘出人性的真正主宰——潜意识。

目 录

第一章　关于梦的问题的科学文献 …………………………… 001
第二章　解析梦的方法 ………………………………………… 005
第三章　梦是愿望的满足 ……………………………………… 018
第四章　梦中的变形现象 ……………………………………… 023
第五章　梦的材料与来源 ……………………………………… 031
　　第一节　梦中的印象 ……………………………………… 031
　　第二节　梦的来源——童年体验 ………………………… 041
　　第三节　梦的肉体刺激的来源 …………………………… 047
　　第四节　典型梦 …………………………………………… 060
第六章　解梦的问题 …………………………………………… 081
　　第一节　梦的浓缩作用 …………………………………… 082
　　第二节　梦的移植作用 …………………………………… 095
　　第三节　梦的表现手段 …………………………………… 097
　　第四节　表现力的考虑 …………………………………… 109
　　第五节　梦的象征表现 …………………………………… 115
　　第六节　梦中的算术和演说 ……………………………… 120
　　第七节　梦中的感情 ……………………………………… 130
　　第八节　梦的润饰作用 …………………………………… 146
第七章　梦的心理学 …………………………………………… 154
　　第一节　梦的遗忘 ………………………………………… 154

第二节　梦的回归现象 …………………………………… 161

第三节　梦中惊醒——焦虑梦 …………………………… 168

第四节　梦的原发和继发过程——压抑 ………………… 173

第五节　梦的潜意识和意识——现实 …………………… 178

第一章 关于梦的问题的科学文献

我的解梦的心理学技巧将在本文中论证。这种技巧,不仅是每个梦都会自动呈现出一种与心情一致的充满意义的精神结构,还可能与清醒状态的心理活动的某一特定部分有关。我还会进一步阐明梦产生扑朔迷离的背景,并从这些背景中推断出这些精神力量的特性。我们的梦就是通过这些力量之间的冲突或合成而产生的。之后,我的调查报告即告结束,因为梦的问题会变成更加综合的问题,而要彻底地解决这些问题,我必须求助于各种不同的科学知识。我首先要简述早期一些学者对这一主题的见解,然后再简述梦的问题在当代科学中的地位,因为在之后的论述过程中,我很少有机会再谈到这两个方面。

尽管梦的问题讨论了几千年,但对梦的理解却没有太多的科学进展。这一事实已得到论述以梦为主题的早期学者的普遍认可。读者可以从中发现许多富有刺激性的观察报告,以及和主题有关的大量有趣论述,但与梦的真实特性关系不大或毫无关系,也解不开梦的任何谜团。当然,受过教育的非专业人士对这方面的知识知之甚少。原始人类对梦、世界和灵魂观念的形成可能产生影响,这种观念是一个让人们非常感兴趣的主题,只是我不愿意在这些篇章中论述这个问题。

我会让读者去查阅以撰写大众科学而闻名的英国银行家、政治家和自然主义者约翰·拉伯克爵士和试图在其系列论著《合成哲学》中将进化论运用于哲学和伦理学的英国哲学家赫伯特·斯宾塞,以及 E. B. 泰勒和其他学者的著作。我只会补充说明,直到完成摆在面前的解梦工作,才能认识到这些问题和推测的重要性。我评价梦的基础是对原始时代的梦的观念进行追忆，这种评价在古代各族人中通用。他们想当然地认为，梦与超自然界有关，认为他们从鬼神那里得到了灵感。而且，在他们看来，梦一定会对做梦者起一种特殊作用，这些梦通常能预卜未来。因为梦和给做梦者产生的印象是离奇变化的，确实很难使人对梦产生一致的观念，所以有必要根据其价值和可靠性，进行多种分化和聚合。

有些古代哲学家对梦的评价是根据其重要性而定，因为他们更愿意把这些重要性归因于通常的预言。亚里士多德有两部作品里提到了梦，他把那些梦看作心理问题。亚里士多德认为，梦不是神赐，不具有神性，而是源自自身的魔力。因为自然确实是魔力，而不是神力。也就是说，梦不可能源自超自然的神灵，而是受人们的精神法则所影响的。当然，这和神灵有密不可分的联系。因为做梦者处于睡眠状态，所以梦被定义为睡眠状态下的精神活动。亚里士多德知晓一些梦生活的特点，比如"如果一个人身体的某一部分微微变暖，他就会梦到自己正穿过大火，感觉很热"，导致他推断出，梦可能会很容易向医师泄露患者当天不易诊断的某些疾病的先兆。有记载说，亚里士多德之前的那些古代学者，并不把梦看作梦心灵的产物，而是认为梦源自神灵。我发现，古代学者在评价梦的时候，显然就已经有了两种对立的思想倾向。他们把梦分为两种：一种为做梦者送去警告或预卜未来之事，因此是真实、有价值的梦；另一种让做梦者误入歧途或走向毁灭，是徒劳无益、具有欺骗性的梦。

在人类认识科学之前，古人对梦的观念和对世界的整体观念完全一致，习惯把这种观念作为现实性投射到外部世界，而这种现实性在他们的心灵生活中体现。这还说明了，第二天早上梦醒后的记忆给清醒状态留下的主要印象，因为在这个记忆中，和精神内容的其他方面比较，梦似乎是来自另一个世界。我认为梦源自超自然的理论是一种错误，但是在科学解释清楚之前，仍然有一些虔诚的、坚持神秘主义的学者，我还常常发现，头脑相当清醒的人，虽然在其他方面反对任何空想之事，却虔诚地相信，在梦现象的神秘特性上存在和聚合超自然精神力量。德国理想主义哲学家弗雷德里希·威廉·约瑟夫·冯·谢林在关于自我、自然和艺术的理论对浪漫主义产生了影响，在一定程度上预示了存在主义。对某些思想家来说，梦的预卜力量仍然是一个争论的主题。这是因为努力尝试由心理学解释的事实，不足以妥善处理堆积的材料，持科学态度的思想家可能会非常强烈地感到，这些迷信的学说都应该受到批判。

要想用科学的认识写一部有关梦的问题的论述是非常困难的，尽管在某些方面可能很有价值，但迄今为止，仍然无法在一个特定方向有真正进展。至今还没有给未来的学者奠定真正的基础。每位学者都会重新开始考虑科学地解释梦的问题。如果要把这些学者按年代列出，纵览每位学者对有关梦的问题所持有的看法，我肯定无法全面清晰地描述对梦这一主题目前的认识。因此，我宁愿根据自己的处理方法，也不愿依赖其他学者，而尽力尝试梦的各个问题的解决办法时，我会引用关于梦这个主题文献里发现的有关论述。

我没有把有关梦的论述文献全部内容加以引用，是因为文献分布广，并与其他主题文献相互交织，因此假如没有忽略根本事实或重要观点，请读者依据我目前调查的内容。

出于某种模糊的直觉，似乎可以这样设想，梦都具有某种意义，即使是一种隐意，做梦实际上就是用来代替某种其他思想的过程，所以只有正确揭示出这个替代物，才能发现梦的真实含义。我要说明的是梦可以解析，而已经讨论过的解决梦的问题的任何论述，在实现我的特殊任务中，只不过是副产品。在梦可以解析的前提下，我就发现自己有关梦的观念与梦的流行学说意见是不同的，因为要解梦，就要详细说明梦的意义，用符合我们精神活动过程中的某个事物，作为具有一定重要性和价值的一个环节，来代替梦的意义。但是，梦的科学理论根本没有给解梦留什么余地。因为首先根据这些科学理论，梦不是一种精神活动，而是利用象征意义告知心理器官的一种肉体过程。非专业人士的见解总是与这些理论对立，声称梦的过程有不合逻辑的特权。尽管他们承认梦的不可思议、荒谬可笑，却不能勇敢地否认梦有任何意义。

因此，基本上大部分解梦者采用的是两种不同的方法。其中一种方法是用一个可以理解、在某些方面相似的内容来取代梦，这就是象征性的解梦法。当然，在那些梦既费解又混乱的情况下，会一塌糊涂。《圣经》中约瑟夫对法老的梦所作的解释就是这种方法的一个例子。先出现7头肥牛，然后又来了7头瘦牛，瘦牛吃掉了肥牛，这是象征埃及将有7个饥荒年，根据这个预言，将会耗尽7个丰年的盈余。大多数富有想象、善于抒情的艺术家构想的梦都是这样一些象征性的解释，因为他们在一种伪装下再现了自己的思想,这种伪装正如我们在自己的梦里常常发现的那样。

梦主要关系到未来,并能预卜未来形态的观念,这是预言意义的残余。梦就是利用这种残余,把象征性的解释得到的梦的意义转为未来时态的动机。

第二章 解析梦的方法

我无法证实象征性的解梦法。成功仍然取决于巧妙的推测和直觉，因此解梦自然被提高到了似乎依靠非凡的天赋才能进入的艺术境界。我碰巧在威廉·詹森写的小说《格拉迪瓦》里，发现了几个编造的梦，这些梦的结构编得完全正确，能够解释，就好像不是虚构的，而是由真人做的梦。对于我的询问，作者宣称他不熟悉我的梦理论。我认为，我的研究论文与作者的创作不谋而合，能够证明我对梦的分析方法是正确的。完全与其相反的流行的解梦法主张，也可以称为译码法，因为它把梦看成一种密码，其中每一个象征都可以按照既定的关键字译成另一种已知意义的象征。例如，梦到过一封信，也梦到过一个葬礼或诸如此类的东西。我查了一下"解梦书"，发现那封"信"要译成"烦恼"，"葬礼"要译成"婚约"。它现在仍然通过我已经破译的风马牛不相及的东西建立一种联系，我又一次假想这种联系与未来有关。在达尔狄斯的阿尔特尔米多鲁斯撰写的解梦作品里，人们发现这种密码程序有一种有趣的变异，在某种程度上纠正了这种方法的纯机械移情性质。梦中之事意味着心想之事——肯定是解梦者心想之事，梦可能会使解梦者想起各种不同的事情，而且不同的解梦者想起的事情都不相同，这个事实肯定会引起无法控制的任意性和不确定性。根据传教士芬克狄特的记录，有一些解梦者好像同样重视与做梦者的合作。他是这样叙述美索不达米亚的阿拉伯人中的解梦者的："为了准确解梦，最老练的解梦者要从做梦者的所有情况中发现自以为必要的情况，以便进行恰当解释……总之，解梦者不容忽视任何情况，只有在充分掌握和领会想要的问题之后，才会给出满意的解释。"在这些问题中，总是包括与做梦者近亲（父母、妻子、儿女）有关的准确信息，解梦中的主要思想在于用梦的相反内容去解梦。

我要描述的技巧从本质上来说不同于古代的技巧，也就是说，把解梦工作交给做梦者本人时，不仅考虑显梦（指梦的显意），而且考虑做梦者的个性和社会地位，因此同一个显梦，对富人、已婚男人、演说家、穷人、单身汉、商人具有不同的意义。那么，这个程序中的基本点在于，解释工作并不是针对梦的整体，而是针对显梦的各个独立部分，好像梦是一种集成物，其中每一个片段都要求特殊对待。译码法肯定是受到了支离破碎、颠三倒四的梦的启发才发明出来的。

这两种流行的解梦法，是毫无科学价值的。至于这一主题的科学处理，象征法在应用上有所限制，无法普遍解梦。在译码法中，一切都依赖于关键内容——解梦书是否可靠，因此一切梦的解释都缺乏保证。所以，人可能会禁不住同意哲学家和精神病学家的论点，并且把解梦的问题统统看成幻想。斯顿夫在1899年写的一部著作，和我的书不谋而合，试图证明梦充满意义、能够解释。但他是用寓言化的象征法来解释的，所以无法证明这个方法可以得到普遍应用。然而，我不得不再次认识到：在我经常遇到的一些梦例中，古代通俗看法顽固坚持的观念，似乎比现代科学的见解更接近事实真相。我必须坚持，梦确实具有某种意义，科学地解析梦的方法可能存在。我是通过下面这种途径知道这个方法的：多年来，我怀着治疗的目的，专心致志地解决某些精神病理结构——恐惧症、强迫症等。

事实上，自从听到约瑟夫·布罗伊尔那段意味深长的陈述后，我就这样专心致志，以便在这些被看成病态症状的结构中解析与治疗相互结合。就是把梦本身当成一种症状，并将解梦法应用其中，这些症状就会解除。如果在患者精神生活中追溯以往病态思想，这种观念就会消失，也会解除患者病痛。由于我的其他治疗努力失败，这些病态状况又神秘莫测，尽管会遇到很多困难，但我还是禁不住遵循布罗伊尔创立的方法，直至彻底阐明这个主题。我将会另行详述这个过程的技巧采取的最终形式，以得到我需要的结果。在这些心理分析的过程中，我偶然发现了解梦的问题。我要求患者把发生在他们身上，与某个特定主题相关的观念和想法告诉我，他们就讲起了自己的梦，因此使我领会到，梦可以加入精神联想中，这个联想可以从病态观念进入患者的记忆，患者有必要做某些心理准备。同时必须告诉他们，心理分析的成功与否，取决于他们是否注意和传达掠过自己脑海的一切，绝不允许他们自己认为主题微不足道或毫不相关而抑制某一种想法，也绝不允许自己因为主题毫无意义而抑制另一种想法。必须加倍努力增加他们在心理感受方面的注意力，排除他们平时习惯把这些想法看成表面流露的批评情绪。

为了达到聚精会神自我观察的目的，患者摆出宁静的姿势闭上眼睛，是有益的。我曾经注意到，在心理分析工作过程中，一个人在反省时的心理状态与他在观察自己的心理过程截然不同。他必须对自己的各种想法保持绝对公平，必须明确要求放弃对可能感知到的思想的一切批评，如果他无法成功地找到梦、强迫性意念和诸如此类问题的解决方法，那是因为他对这些问题吹毛求疵。反省时要比自我观察所需的精神活动大，一个人在反省时绷紧身体、皱起眉头；自我观察时则神态安详，仅这一点就可以说明问题。在这两种情况下尽管都必须聚精会神，但一个正在反省的人却会利用自己的批判能力，因此他排斥和突然中断一些已经感知进入意识的想法，这样他就不会跟随以其他方式为他打开的那些思绪；如果在感知之前，就受到了压制，对于其他的想法，他则能以这种方式表现，说明想法根本没有形成意识。另外，在自我观察中，他只有抑制批评的任务。如果他成功地做到这一点，无法捕捉的无数想法就会进入他的意识。由此可以看出，其要点是产生一种精神状态，就精神能量——注意力的流动性的分布而言，在某种程度上类似入睡前的心理状态，当然也类似催眠状态。入睡时，人的某种思想松懈，那些不想得到的意念会涌现出来，因此这个行动会影响思想的倾向。这些涌现出来的不想得到的意念，常常变为视觉意象和听觉意象。在对梦和病态意念进行分析时，这种活动被有意放弃，而因此保留下来的精神能量，用来专门追踪那些不想得到的意念——保留本体作为意念的思想。"不想得到的"的意念就这样变为"想得到的"的意念。

奥托·兰克发现弗雷德里希·席勒和哥尔纳在1788年12月1日的通信中，席勒对一位抱怨自己缺乏创作力的朋友作了如下回答："在我看来，你抱怨的原因似乎在于你的理智对你的想象力强加的限制。这里我要发表一份意见，并通过一个寓言加以说明。如果理智对那些似乎已经涌入大门的意念检查过严，显然不好，而且确实会阻碍心灵的创作。单独来看，一个意念可能毫无意义、极端荒谬，但可能从跟随而来的另一个意念中获得价值。如果再和其他几个同样荒谬的意念相结合，也许就能变成一个非常有用的环节。理智无法判断所有的这些意念，除非它能把意念一一保留，然后再把这些意念和其他意念一起考虑。在我看来，如果头脑处于创作的状态，理智就会撤回大门口的岗哨，那些意念会一拥而入，只有此时，理智才会审视和检查整体部分。你的可敬的批判力会对这种稍纵即逝的疯狂感到羞耻或害怕，这在所有真正创作者的心里都可以发现。正是这种疯狂，才把有思想的艺术家和做梦者区别开来。因此，你之所以抱怨没有灵感，是因为你拒绝得太快、区分得太严。"

然而，正如席勒所说，这样从理智的大门口撤回岗哨，转化为不加批判的自我观察，绝不困难。如果我问一个至今没有经验的患者："你会想到和这个梦有关的什么事？"他通常无法看到精神世界的任何东西。我首先必须为他解析这个梦，然后他就会告诉我梦的各个有关过程中的一系列联想，这些联想可以被说成这个梦背后的思想。在我第一次加以指导后，我的大多数患者都能做到。这种批判活动的精神能量日减，自我观察的能量就可能日增，这要根据各人对主题内容的注意力不同而发生很大变化。如果借助于记下闪过自己脑海的那些念头，我自己完全能做到这一点。

这个方法告诉我们，一个人无法将整个梦作为注意的对象，只能注意其内容的各个部分。因此，我采用的解梦法与流行的、历史的和传奇的那种象征性解梦法存在分歧，而与第二种方法（译码法）更为接近。像译码法一样，这是一种分段而非整体的解释；同样，从一开始就把梦看成组合的东西，看成精神构成的聚集。

因为有些材料会引起别人的反对，我现在不想用这些材料来介绍解梦的理论与技巧。在对精神病患者的心理分析过程中，我曾经解释过1000多个梦，但认为这些是精神病患者的梦，所以从他们那里得出的结论不能用来推断健全人的梦。另外，这些梦指向的主题会涉及精神病的发病史。因此，每个梦都需要有一个很长的介绍，还需要对精神病的性质和病因状况有一个调查报告，这些事情本身新奇异常，因此会完全分散对梦的问题的注意。因为我的目的是通过解决梦的问题，为解决更棘手的神经衰弱症的心理问题做好铺垫。但如果排除了我经常接触的精神病患者的梦（那是我的主要材料），那我就不能对处理其他问题太挑剔，就只剩下一些健康的熟人闲谈中偶尔提到的梦或我在其他文献中见过的关于梦的例子。不幸的是，在所有的这些梦例中，我没有权利进行分析，但如果没有这种分析，我就无法找到梦的意义。我的解梦方法肯定没有流行的译码法难，译码法只用一个固定的关键字，就可以解析出已给的显梦；但是我认为同样的显梦对不同的人、不同的事情、不同的关联可能会有不同的意义。所以，作为丰富便利的材料的源泉，我必须采用自己的梦，这些材料或多或少是由一个健全人提供的。当然，会有人对我这些自我分析的可靠性表示怀疑，也会有人对我说，在这些分析中，绝不排除任意性。在我自己的判断中，自我观察比观察别人有更多的有利条件；不管怎样，通过自我分析，可以调查解梦能起多大作用。在内心深处，我还有必须克服的其他困难。可以理解，一个人往往不喜欢暴露自己精神生活中那么多隐秘的细节，同时也担心素不相识者的误解，但一个人必须能放下这些顾虑。德尔贝夫写道："只要每个心理学家认为有助于解决某个难题，他就必须有勇气承认自己的弱点。"而且我想，读者会因为对心理问题解析的兴趣，而原谅我的言行轻率。我几乎从未对自己的梦进行过任何完全的解析。

所以，我要阐明自己的解梦方法。每个梦都需要有前言，我现在必须请求读者暂时把我的兴趣当成其本人的兴趣，并和我一起全神贯注地观察我生活中的那些细枝末节，因为这种转移将是探究梦念（指梦的隐意）必须具有的兴趣。

开场白——1895年夏天，我曾经为一位年轻女士爱玛进行过心理分析治疗，她是我和家人的亲密朋友。这些复杂关系可能引起我的多种感情，如果治疗失败，我和爱玛的友情就会受到影响。然而，这次治疗以部分成功而告终，尽管治好了爱玛的焦虑，但并没有治好她的肉体的所有症状。当时，我对癔症治疗的标准还不十分清楚，因此我希望她接受一个更大胆、更彻底的治疗方法。结果爱玛并不愿接受，我只好中断了治疗。有一天，我最亲密的一位朋友，也是我比较年轻的同事奥托，去拜访过患者爱玛和她住在乡下的家人后，又来看望我。我问他爱玛的情况怎么样，他回答说："她好多了，但还没有完全康复。"我听出了那些话里含有责备的意思，也许大意是我向患者许诺太多，奥托明显是受了患者亲属的影响,他们从来没有同意过我的疗法。我意识到我的朋友奥托的这些话或他说话的腔调让我烦恼。当晚,我写下了爱玛的临床病史,想把它寄给一位朋友 M 医生(当时他是我们行业内的领军人物),好像是为自己辩护。当天夜里(或者更准确地说,第二天凌晨),我做了一个梦,醒来后,我马上记录了下来:

1895 年 7 月 23 日至 24 日的梦

我正在一个大厅接待许多客人——爱玛就在这些客人中,我看到了她,马上把她拉到一边,好像是回答她的来信,责备她为什么还没有接受我的"解决办法"。"如果你感到还有痛苦,那就是你自己的过错。"我对她说。她回答:"我现在喉咙、胃和腹部疼得我都透不过气来了,你可知道?"我大吃一惊,望着她。她的脸色看上去苍白、浮肿。我对自己可能忽视了某种器质性疾病而感到担心。我把她领到窗边,以便查看她的喉咙,她像其他戴假牙的女人那样反抗了一下,我想她肯定不需要假牙。随后,她嘴巴大张,我在她喉咙的右边发现了一块大白斑,在其他地方还看到有大片白中带灰的痂附在奇特卷曲的结构上,这些结构像鼻甲骨。我马上叫来了 M 医生,让他重新检查一遍,进一步证实。M 医生看上去完全不同往日,脸色非常苍白,下巴刮得很干净,走路一瘸一拐。现在我的朋友奥托也站在爱玛的身边,我的另一个朋友利奥波德隔着衣服叩诊她的胸部,说:"她胸部左下方有浊音。"同时注意到她左肩上的皮肤有一块渗透性病灶(尽管隔着衣服,但我可以感觉到)。M 医生说:"毫无疑问,这是由病毒感染引起的,但不要紧,只要拉肚子,病毒就会排出来。"我们都知道是怎么引起的感染。不久前,爱玛感觉不舒服时,我的朋友奥托给她打了一针丙基制剂……丙基……丙酸……三甲胺(这个配方以粗印刷体呈现在我眼前)。人不会这样轻率地打这种针,注射器可能也不干净。

这个梦显然与前一天发生的事情和话题相关。同时,这个梦比其他

第二章 解析梦的方法

的梦有一个有利条件。开场白对这些事作了解释。奥托对我说到爱玛的健康状况的消息和我写到深夜的临床病史，在我睡觉时都完全占据了我的精神活动。在看过我的开场白和了解显梦的人，以及所有的解梦者谁也猜不出这个梦象征什么。我对爱玛在梦里抱怨的那些病症迷惑不解，因为那些不是我给她治疗的症状。我对注射丙酸的荒谬想法和 M 医生的极力安慰，都一笑了之。梦到最后，似乎比开始时更模糊、速度更快。为了搞清楚所有这些细节的意义，我决心对其进行详细的解析。

"我正在一个大厅接待许多客人。"那年夏天，我们正住在贝尔维尤，这是卡赫伦堡附近一座小山上的一座独立房子。这座房子本来是公众娱乐场所，所以都是非常高大、像大厅一样的房间。这个梦是妻子生日前几天我在贝尔维尤做的。那天，妻子曾经提到她希望几位朋友前来参加生日宴会，其中包括爱玛。于是，我的梦预示了这个情形：妻子生日那天，我们正在贝尔维尤宽敞的大厅接待许多人，其中就有爱玛。

"我责备爱玛没有接受我的'解决办法'。我说：'如果你感到还有痛苦，那就是你自己的过错。'"我醒着时可能说过这种话。我当时以为自己的工作只是告诉患者他们症状的隐意，他们是否接受这个解决办法，我都没有什么责任。但我仍然希望把患者治好，这样会使我的生活更轻松。我注意到，我在梦中对爱玛说的那些话是想急于说明她仍忍受痛苦，但是不要责怪我。如果这是爱玛的过错，那就更不可能是我的错。梦的意图不应该在这一部分寻找吗？

"爱玛抱怨喉咙痛、腹痛和胃痛，痛得她透不过气来。"胃痛是爱玛原来就有的症状，但当时并不是很显著，她常常抱怨恶心想吐。但她没有出现过腹痛和喉咙痛的症状。我不知道为什么在梦中会出现这些症状，我现在无法找到原因。

"她的脸色看上去苍白、浮肿。"但是在现实中，爱玛总是面色红润。我怀疑梦中的病人不是爱玛，而是另一个人代替了她。

"我对自己可能忽视了某种器质性疾病而感到担心。"我总是隐隐怀疑自己是否真的完全恐慌，我不知道根源在哪里。一位几乎专治精神病患者的医生，总是担心自己习惯把其他医生诊断为器质性疾病的许多症状，都归为癔症。如果爱玛的疼痛确实是器质性的，那治好它们就不是我的职责，因为我只消除癔症的疼痛。其实，在我看来，我希望发现诊断有误，这样我就不会因没有治疗成功而受到任何责备。

"我把她领到窗边，以便查看她的喉咙，她像其他戴假牙的女人那样反抗了一下，我想她肯定不需要假牙。"我从来没有机会检查过爱玛的口腔。梦中的情景使我想起了前段时间为一位家庭女教师做的一次检查。她看上去年轻漂亮，但张开嘴时，她却想掩饰自己的假牙。我又想起了其他一些医学检查，以及这些检查暴露出来的小秘密。和这个病例联系起来，会让医生和患者都处在尴尬的位置。"我想她肯定不需要假牙。"这也许是对爱玛的称赞，但我怀疑还有另一层意思。经过仔细分析，一个人就能发现自己是否已经思想枯竭。梦中爱玛站在窗边的样子，使我想起了以前的另一次经历。爱玛有一位朋友，一天晚上，我去看望爱玛时，发现这位朋友就站在窗边梦中重现的那个位置。这位朋友的医生，也就是 M 医生，断言她患有白喉。M 医生和白喉其实就是做梦的过程。现在，我才想到，在过去一段时间中，我有各种理由认为这位朋友也有癔症，因为爱玛本人向我透露了这个事实。但是，我对她的病情知道什么呢？只知道一件事，就像梦中的爱玛那样患有癔症。因此，梦中我把爱玛和她的朋友做了互换。现在，我才想起，我常常推想这位女士会让我给她治病。但当时，我想是不可能的，因为她非常保守。事实上，直到现在，她都表示自己身体结实，完全无须外来帮助。现在只剩下几个特征，我在爱玛和她的朋友身上无法发现，那就是苍白、浮肿、假牙。假牙使我想起了那位家庭女教师，我现在渐渐明白假牙是怎么回事了。我又想到了另一个人，这些特征也许指的就是她。她不是我的患者，我也不想让她做我的患者，因为我已经注意到她对我心神不安，所以我想她不是一个听话的患者。她常常脸色苍白，有一次感觉特别不好，身体浮肿。于是，我把我的患者爱玛和另外两个女人进行比较，她们也同样拒绝治疗。

我在梦里把爱玛和她的朋友相互交换是什么意思呢？要么是我想换掉她，要么是她的朋友引起了我更强烈的怜悯之心，要么是我认为她的朋友更聪明。我之所以认为爱玛笨，是因为她不接受我的"解决办法"。另一个女人则会更通情达理，嘴巴更容易张开，她会比爱玛说的多些。如果我继续比较这三个女人，就会离题太远。每个梦都至少会有一个深不可测的点，仿佛是连接着未知东西的一个中心点。

"我在喉咙处发现了一块大白斑和结痂的鼻甲骨。"白斑使我联想到白喉,也使我联想到两年前大女儿的重病和那段不幸时期的所有苦闷,继而想到了爱玛的那位朋友。结痂的鼻甲骨使我联想到自己对她们健康问题的担忧。当时,我常用古柯碱来抑制鼻子里令人痛苦的肿胀。几天前,我曾经听说一位女患者因使用古柯碱而使鼻黏膜大面积坏死。1885年,我推荐使用古柯碱,结果受到了严厉谴责。一位好友因滥用古柯碱而加速了他的死亡,他是在我做这个梦那天之前去世的。

"我马上叫来了 M 医生,让他重新检查了一遍。"这反映出 M 医生在我们中有着重要的地位。但是,"马上"这个词足以引人注意,需要一次特殊检查,这使我想起了一次难过的行医经历。一位女患者因连续服用一种"二乙眠砜"的药而严重中毒,我赶忙求助于一位更有经验的老医生。一个补充的情况证实了我记得这个病例。那个中毒的患者叫玛蒂尔达,和我的大女儿同名,我直到现在才想到这件事。但如今,这简直像是命运的报复,仿佛一个人被另一个人代替还包含了另一层意思:这个玛蒂尔达代替了那个玛蒂尔达,我似乎在寻找各种机会来谴责自己缺乏医德。

"M 医生脸色苍白,下巴刮得很干净,走路一瘸一拐。"我想起了我住在国外的一位兄长,他的下巴也刮得很干净,他因髋关节炎,走路一瘸一拐。如果我记得没错的话,梦里的 M 医生和他长得有些相似。他不健康的外貌常常引起他的朋友的担心。梦中把两个人合成一个人,肯定是有原因的。我现在想起来了,事实上我和这两个人的关系都不好,因为两个人都拒绝了我对他们提出的某个建议。

"我的朋友奥托站在爱玛身边,我的另一个朋友利奥波德为她检查,注意到她的胸部左下方有浊音。"奥托非常敏捷机警,利奥波德则缓慢、细心而周到。如果我在这梦里把奥托和利奥波德进行对比,那我这样做显然是为了赞美利奥波德。当我还在儿童诊所工作的时候,他们俩都在我手下帮过几年忙,像梦里重现的种种景象经常在那里发生。利奥波德也是一名内科医生,而且是奥托的亲戚。因为两人干的是同一行,注定要相互竞争,所以他们经常要相互比较。当我和奥托在会诊一个病例时,利奥波德常常会重新检查那个患者,并对我们的诊断结果作出意想不到的贡献。这两个人的性格不一样,这种比较就像上述不听话的爱玛和她的那位比较通情达理的朋友之间的关系一样。胸部左下方浊音的问题，使我联想到了另一个病例，所有细节都相似，利奥波德对那个患者一丝不苟，给我留下了深刻的印象。我隐约想到了一种转移性疾病，但这同时也使我想到，如果爱玛就是那个患者该多好，因为据我推断，那个患者显示的症状像结核病。

"左肩皮肤上的渗透性病灶。"我马上明白这正是自己左肩的风湿病，如果夜里长时间醒着躺在那里，我总会感受到。

"尽管隔着衣服。"当然，这只是一句插话。在诊所里，儿童自然是脱光衣服接受检查的。这句话对成年女患者必须接受检查的方式来说，具有对比的意思。据说有一位名医总是隔着衣服检查他的患者。

"M医生说：'这是由病毒感染引起的，但不要紧，只要拉拉肚子，病毒就会排出来。'"起先，我觉得这句话很可笑，但像其他所有事情一样，必须仔细分析，发现这句话好像有些道理。在梦中，我发现爱玛患有局部性白喉。我记得女儿生病时曾经讨论过局部性白喉和白喉。白喉是全面感染，是局部性白喉的延续。利奥波德说明了存在浊音引起的全身感染，这也表明是转移性病灶。然而，我相信，仅仅这种转移不会发生在白喉病例中，这使我想起了脓血症。"这不要紧。"是医生常用的一种安慰。我相信它符合如下内容：梦的最后内容是，爱玛的痛苦来自一种严重的器质性疾病。我开始怀疑我在想方设法转移自己的过失。精神治疗肯定无法治好局部性白喉。现在，一想到仅仅是为自己开脱罪责，竟为爱玛想出了这样一种严重的疾病，我就痛苦万分。这似乎非常残酷。因此，我需要保证最后的一切没有危险。在我看来，我作出的良好选择，莫过于借M医生的嘴说出这句安慰话。但在这里，我要把自己放在超越梦的位置上，这个事实需要进行解释。

某些牵强的理念认为，疾病的毒素可以通过肠道排出。难道我认为M医生大量牵强的解释是那么可笑吗？他习惯构想古怪的病理关系。这又暗示了另一件事。几个月前，我为一个正患明显肠道疾病的年轻人看病，其他同事诊断为"营养不良贫血症"，我却认识到这是一个癔症病例。我不愿意给他用我的精神疗法，就劝他去旅行一次放松心情。几天前，我收到了他从埃及写来的一封令人失望的信。信上说，他又发作了一次，当地的那个医生说是痢疾。我怀疑这是一位不学无术的同行的一次误诊。然而，我不禁责备自己把患者弄到了这样的地步，也许除了癔症，他可能还感染了某种肠道疾病。痢疾（dysentery）的发音听上去很像白喉（diphtheria）的发音。

我在梦中取笑 M 医生，是因为我想起几年前，他开玩笑地告诉我关于一位同事非常类似的故事。M 医生被请去和那位同事会诊一个病情非常严重的女患者。M 医生在患者的尿中发现了白蛋白。然而，他的同事却平静地说："这不要紧，白蛋白很快就会排掉的！"因此，我不再怀疑梦的这一部分正是嘲笑我那些不了解癔症的同事。而且，好像是为了证实，这个想法进入了我的脑海："M 医生认出爱玛的朋友（他的患者）的模样了吗？那个模样使他有理由害怕不是结核病，而是癔症吗？他是看出了癔症，还是让自己受到愚弄呢？"

但是，我恶劣地对待 M 医生是为什么呢？那是因为 M 医生和爱玛一样都不同意我的解决办法。因此，我就在梦中亲自报复了两个人。用这些话报复爱玛："如果你感到还有痛苦，那就是你自己的过错。"又借 M 医生的嘴说出了如此荒谬的安慰话。

"我们都知道怎么引起的感染。"这似乎不是很合理，因为在利奥波德证实之前，我们还不知道感染是怎么回事。

"不久前，我的朋友奥托在爱玛不舒服时给她打了一针。"奥托确实讲过，他去短暂拜访爱玛的家人时，曾经被请去附近一家旅馆，给一个突然得病的人打针。打针使我又一次想起了那位不幸的朋友——因注射古柯碱而中毒身亡。我曾经建议他只在停用吗啡时才能内服古柯碱，但他马上给自己注射了古柯碱。

"打了一针丙基制剂……丙基……丙酸。"我究竟是怎么想起这个的呢？我写临床病史并做梦的前一天晚上，我的妻子打开一瓶标有菠萝（Ananas）的甜露酒，而"Ananas"的发音和我的患者爱玛的姓非常近似，这是我的朋友奥托送的一份礼物。这种甜露酒有强烈的杂醇油味，我不想喝。我的妻子建议说："我们把这瓶酒送给那些仆人吧。"我表示反对，用慈善的口气说："他们也不能中毒。"杂醇油（戊基）的气味现在显然已经唤醒了我对丙基、甲基等的记忆，这就为我在梦中提到的丙基制剂提供了解释。我确实在梦里实现了一种替换：闻到戊基后，我就梦到了丙基。但这种替换在有机化学里也许是允许的。

在梦中，我看到了三甲胺这种物质的化学结构式，这说明了我的记忆力在这方面做了很大努力，而且这个结构式是用粗体字印出来的，好像是为了在前后情节中区分某种特殊的作用。那么，这个三甲胺要把我的注意力引向哪里呢？这使我联想起了和另一位朋友的谈话，他和我对彼此的所有观念都了如指掌。当时，他告诉我有关性过程中某些物质的化学性质的变化，他发现了三甲胺就是一种性的新陈代谢物。因此，这种物质使我想到了性欲。我认为，这是我要设法治愈的精神病中最重要的因素。因为我的患者爱玛是一位年轻寡妇，如果我需要对她医治无效找借口的话，我也许会设法提到这种情况，但是那些追求她的人会不同意这种说法。真是巧得出奇，我在梦里用来代替爱玛的那位朋友也是一位年轻寡妇。

我猜测为什么三甲胺的结构式在梦中那么突出。许许多多事情都集中在三甲胺这个词上，这不仅是指性的重要因素，而且是指一位朋友。每当我的意见受到孤立时，我就会愉快地想起他的安慰。这位朋友在我的一生中发挥了如此大的作用，他肯定会在这个梦独有的联想中出现的。他对鼻腔和鼻窦疾病具有专门知识，并向医学界披露了鼻甲骨与女性性器官的几种非常显著的关系。我曾经让他诊断爱玛的病情，以便确定爱玛的胃痛是否和鼻腔有关。但是，他自己患有化脓性鼻炎，这也许是暗指脓血症，它在梦的转移中盘旋在我的眼前。

"人不会这样轻率地打这种针。"这是指责奥托的不对，我相信当天下午我就有了这样的想法，当时从说话和表情好像都表明奥托曾经反对过我。意思大概是："他很容易受影响，他给的结论是多么不负责任。"此外，上述这句话又一次指向了我那位亡友，因为他是那样不负责任地注射古柯碱。正如我曾经说的那样，我没有想过要注射那种药。我注意到，在责备奥托时，我又一次联想到了不幸的玛蒂尔达的故事，这也是用来责备我自己的借口。显然，我是在这里收集自己有医德的例子，也是在收集相反的例子。

"注射器可能也不干净。"我再一次指责奥托使用的注射器也不干净，但起因不一样。我想起我的另一位患者，是一位82岁的老太太，我每天给她注射两次吗啡。现在，她住在乡下，听说她患上了静脉炎。我马上想到，这可能是注射器不干净引起的渗透性病例。让我自豪的是，两年内我没有让她有过一次感染。当然，我觉得自己很有医德，我总是小心翼翼，确保注射器干干净净。我从静脉炎又想起了妻子，她怀孕期间曾经得过一次血栓症。现在这些相关的情景出现在我的记忆中，其同一性显然使我能把这些人在梦中相互替换。

我现在已经完成了这个梦的分析，但是，像预料的那样，我在解梦过程中没有说明所有的一切。在这次解梦过程中，我尽量避免一些意念的干扰，这些意念一定是通过比较显梦和隐藏在显梦背后的梦念而表现出来的。我对梦的意义也有了进一步的了解。我已经注意到一种通过梦实现的意向，那一定是我做梦的动机。这个梦完成了我好几个愿望，是由发生的事情唤起的——奥托的消息，以及我写的临床病史。梦的结果是把爱玛仍在忍受痛苦归咎于奥托。现在，奥托说爱玛没有彻底痊愈，这使我恼火。在梦中，我把责备转嫁给了他而为自己报仇。这个梦表明我对爱玛的病情不应负责，象征了我希望事情存在的某种状态。因此，显梦是愿望的满足，其动机就是一种愿望。

第三章　梦是愿望的满足

我从一些健全人身上收集到的几个梦,也很容易发现愿望的满足。一位朋友熟悉我的梦理论,并向他的妻子解释过。有一天,他对我说:"我的妻子请我告诉你,她昨天梦见自己的月经又要来了。你一定会知道那是什么意思。"我当然知道,如果那位年轻妻子梦见自己要来月经,那就是月经已经停了。我完全可以想象,她是想在怀孕开始带来不便之前,多享受一段自由的时间。这是通知她第一次怀孕的一种巧妙方式。另一位朋友写信说,他的妻子不久前曾经梦见自己的衬衫前面沾有一些乳渍。这也是怀孕的征兆,但不是第一胎,这位年轻妈妈希望自己的第二胎比第一胎有更多的乳汁。一个年轻女人因为照看患传染病的孩子,已经几个星期没有参加社交活动了。孩子康复后,她做了一个梦,梦见的人有阿尔丰斯·都德、保罗·博格特、马赛尔·普雷沃斯特等作家,这些作家都对她非常友善,让她格外开心。在梦里,这些作家的面貌和他们的画像一模一样。她不熟悉普雷沃斯特的画像,他看起来就像前一天给病房消过毒的那个人,也是很久以来第一个进病房的人。显然,这个梦可以这样解释:"现在是愉快的时候,而不是这枯燥的看护。"也许这足以证明,梦常常只能理解为愿望的满足,在最复杂的情况下,也能一眼看出来,而且它们的内容毫不隐藏。

在大多数情况下,这些都是简短的梦,它们与混乱夸张的梦形成鲜明的对比,后者几乎引起了研究该主题的学者的全部注意。但如果我们花一些时间研究一下这些简短的梦,我们就会得到回报。我认为,可以在儿童身上发现最简单的梦,因为他们的心灵活动肯定没有成人的复杂。依我看,就像研究低等动物的构造或成长有助于研究高等动物的结构一样，儿童心理学同样也有助于了解成人心理学。但是，至今刻意地利用儿童心理学达到这一目的的人寥寥无几。

儿童的梦常常是简单愿望的满足，因此，和成人的梦相比，肯定没有趣味。尽管它们提不出要解决的问题，但提供了无法估计的证明，说明梦最内在的本质是愿望的满足。我曾经从自己的儿女提供的材料中收集了好几个这样的梦例。

1896 年夏天，我们到哈尔施塔特游览时做了两个梦：一个是 5 岁零 3 个月的儿子做的梦；另一个是 8 岁半的女儿做的梦。我必须首先说明，那年夏天我们住在奥西湖附近的一座小山上，天气晴朗时，我们就从那里欣赏达赫斯坦的壮丽景色。我用望远镜可以轻松地辨认出西蒙尼小屋，所以孩子们常常设法通过望远镜去看，但我不知道他们是否也看见了西蒙尼小屋。开始游览前，我告诉孩子们说，哈尔施塔特就在达赫斯坦山脚下。他们都欢天喜地地盼望这次郊游。我们从哈尔施塔特进入埃斯切恩山谷，山谷不断变幻的景色让孩子们欣喜若狂。然而，5 岁零 3 个月的儿子渐渐不满起来。每当看到一座山时，他就问："那就是达赫斯坦吗？"于是，我不得不回答说："不是，那只是山下的一个小丘。"这样问了好几次后，他就变得一声不吭，也不想陪我们爬上台阶去看瀑布了。我还以为他累了，但第二天早上，他兴高采烈地来到我身边，说："昨晚我梦见我们去了西蒙尼小屋。"我现在才明白他的意思，当初我说到达赫斯坦时，他就盼望我们去哈尔施塔特游览的路上，他可以爬上那座山，近距离去看经常用望远镜看到的西蒙尼小屋。当得知只能以山丘和瀑布来满足自己时，他就感到失望和不满。但是，梦为他补偿了所有的这一切。我试图了解梦中的一些细节，其内容却是一片空白，他只是说："你要爬上 6 个小时的台阶。"

在这次游览时，8 岁半的女儿同样满怀希望，这些希望只能靠梦来满足了。去哈尔施塔特时，我们带着邻居的一个 12 岁的男孩埃米尔，这个男孩颇像一位文质彬彬的小绅士。在我看来，他已经赢得了女儿的欢心。第二天早上，女儿讲述了下面这个梦："我梦见埃米尔是我们家庭中的一员，他喊你们'爸爸''妈妈'，而且像我们家的男孩一样，睡在我们家的大房间里。接着，妈妈走进房间，将一把用蓝色和绿色纸包裹的巧克力棒棒糖扔到了我们的床下。"她的兄弟们显然没有继承解梦的理解力,所以就像我们曾经引证的那些学者一样宣称:"那个梦是胡言乱语。"女儿至少为她梦中的一部分进行了辩解。从神经症理论的观点来看,得知她为哪一部分辩解,让人感到非常有趣:"说埃米尔是家庭中的一员是胡言乱语,但巧克力棒棒糖的事不是胡言乱语。"就是后面这部分我搞不明白,后来妻子作了解释。原来,在从火车站回家的路上,孩子们停在自动售货机前,想要买的正是那种机器提供的金属闪光纸包裹的巧克力棒棒糖。不过,妻子认为,这一天他们已经足够开心了,所以就把这个愿望留到梦里去满足。我疏忽了这一小小的情景。于是,不理解的那部分梦,我没有费力就明白了。我亲耳听到我们那位彬彬有礼的小客人在前面路上吩咐孩子们要等"爸爸""妈妈"赶上来。对女儿来说,这个梦把这种暂时的关系变成了永久的接纳。她的感情迄今还无法构想她与朋友永远相伴的其他任何方式,仅仅是梦中接纳而已,这正是她的兄弟们想到的。当然,为什么把巧克力棒棒糖扔在床下,不问孩子是无法解释的。

我从朋友那里听说了一个和我的儿子做的非常相似的梦。那是一个8岁的小女孩做的梦。她的父亲带了好几个孩子步行去多恩巴赫,想参观洛雷尔小屋,但因为天色渐晚,半路又拐了回来,父亲答应孩子们改天再来。在回去的路上,他们经过了一个指向哈密欧的路标。孩子们现在又要求父亲带他们去哈密欧,但又出于同样的原因,父亲只好答应他们改天再去那里,来满足他们的要求。第二天早上,这个小女孩兴高采烈地去告诉她的父亲说:"爸爸,我昨晚梦见你和我们在洛雷尔小屋,还去了哈密欧。"因此,在梦中,她的迫不及待已经提前实现了她的父亲的承诺。

风景如画的奥西湖美景促使我的女儿做的梦,也同样简单明了。当时,她才3岁零3个月。女儿是第一次乘船过湖,过湖时间对她来说太短暂了。到上岸时,她不想离开船,哇哇哭了起来。第二天早上,她告诉我们说:"昨晚我在湖上航行呢。"我们希望这梦中的游湖会让她更满意。

我的大儿子8岁时,就已经在做实现幻想的梦了。他梦见自己和阿基里斯一起坐在狄俄墨得斯驾驶的一辆双轮战车上。前一天,他对姐姐送给他的一本希腊神话书兴趣盎然。

如果允许把儿童睡眠时的梦呓算在梦的范围,我就把下面这段作为最早的收集材料:我最小的女儿当时才19个月,一天早上,她发生了呕吐,所以一天都没有让她进食。当天夜里,我就听到她在睡梦中兴奋地喊道:"安娜·弗(洛)伊德,草莓、野(草)莓、煎(蛋)卷、稀粥!"她这样利用自己的名字,是为了表达她占有东西的行为。这些食物大概是她最喜欢吃的东西。两种草莓出现在梦呓中这个事实,是她反抗规定的实证。而且,根据这个情况(她绝没有忽略这一点),保姆把她这个病归咎于她吃了太多的草莓。所以,她就在梦中为这个意见表达不满,以示反对。

这里还有一个例子。在我生日那天,有人教22个月大的侄儿向我祝贺生日,并送给我一小篮樱桃,因为当年那个时候几乎还不到季节,所以非常稀有。他好像发现这个任务很难,因为他嘴里反复说着:"樱桃在里面。"而且不想松开小篮子。但是,他知道怎样补偿自己。直到那时,他都习惯每天早上告诉妈妈,说他梦见了"白兵",就是他曾经在街上看到的、令他羡慕的一个身穿白色大氅的卫兵司令。在他忍痛送给我生日礼物后的第二天,他醒来时高兴地宣称:"那个人把所有的樱桃都吃了。"这可能只是针对一个梦来说的。

动物梦见什么,我无从知道。我要感谢一名学生告诉我的一条谚语,因为谚语这样问道:"鹅梦见什么?"回答是:"玉米。"梦是愿望的满足的整个理论都包含在这两句话里。

我现在认识到,如果仅仅利用浅显的话,我应该已经通过捷径得到了梦的隐意论。然而,一些格言警句常常不无鄙视地谈起梦——说"梦是泡沫",显然是在为那些学者辩解。但在口语里,梦主要是和蔼可亲的愿望满足者。如果我发现事实超出自己的期望值,就会高兴地大声叫道:"就是再荒谬的梦,我也绝不会想到。"

如果我现在宣称愿望的满足是每个梦的意义,那么我知道自己将遭到最有力的反驳。批评我的人会反对说:"有些梦被理解为愿望的满足这个事实并不新鲜,而是早就被拉德斯托克、沃尔克特、普金耶、格里辛格尔等学者认可。"不过,除了愿望满足的梦外,没有其他的梦了,这是以偏概全。幸运的是,这很容易就能驳倒。呈现最痛苦内容和毫无满足愿望迹象的梦屡见不鲜。悲观主义哲学家爱德华·冯·哈特曼大概最反对愿望满足论。他在《潜意识哲学》第二部分中说:"入梦时,清醒状态的所有烦恼都会进入睡眠状态。在某种程度上,唯一无法入梦的是有教养者对科学生活和艺术生活的乐趣……"可是,即使不太悲观的观察者也强调这个事实,那就是在我们的梦里,痛苦和反感比愉快更常见。萨拉·韦德和弗洛伦斯·赫拉姆两位女士,甚至根据她们自己的梦,计算出了痛苦和不适在梦中占的优势数值。她们发现58%的梦令人不快,而只有28.6%的梦令人愉快。除了把生活中的许多痛苦感情带入我们睡眠的那些梦,还有一些焦虑梦。孩子们现在正是经常受到这些焦虑梦的折磨,如德巴克尔的《夜惊》(Pavor nocturnus)中描绘的梦。然而,我发现最明显的愿望满足的梦,还是在儿童身上。

不过,要想回避这些显然顽固的反对意见并非难事。只是要注意到,我的学说不是以对明显的显梦的评估为基础,而是和思想内容有关,在解析过程中,我发现它藏在梦的背后。对比一下梦的显意和隐意,就会发现有些梦的显意带有最痛苦的性质。但是,有谁设法去解析这些梦,发现它们隐藏的思想内容呢?如果没有,那么反对我的学说的意见就不再有效,因为经过解析,痛苦梦和可怕梦就有可能证明是愿望的满足。

第四章　梦中的变形现象

在科学研究中，如果解决一个难题出现困难，那就再加一道难题，这样常常有利于解决，就像把两颗坚果放在一起敲反而比分开敲容易一样。因此，我面临的不仅是"痛苦恐怖的梦怎么可能是愿望的满足？"这种问题，而且可能还要再加上一个问题，这是由前面讨论梦的普通问题时产生的，那就是"为什么那些梦没有显示无关紧要的内容，最终却仍然是愿望的满足，毫不掩饰地暴露它们的意义？"以爱玛打针的这个梦为例。

这绝不是一个痛苦性质的梦，经过解析可以看出，这是满足愿望的一个突出例子。但是，为什么非要解析不可呢？为什么梦不直接表示它的意思呢？事实上，爱玛打针的梦起先并没有给人留下可以表现做梦者满足愿望的印象。读者不会得到这种印象，甚至在进行分析之前，我自己也没有意识到这个事实。如果我把"梦需要解析"这个特性称为"梦的变形现象"，那第二个问题就会出现：梦里这种变形的根源是什么？如果要考虑一个人对这个主题最初的想法，多个可以接受的解决办法可能会自动显现。例如，睡觉时，一个人不可能找到自己梦中想法的足够表达方式。然而，某些梦的分析迫使我提出另一种解释。我要通过自己的第二个梦来论证这一点，这又一次意味着许多轻率的言行，但通过全面彻底地阐述这个问题，会弥补这种个人牺牲。

1897年春天，我得知大学的两位教授推荐我任临时教授。这个消息使我又惊又喜，表明有两位杰出人士赏识我，这就不能说是个人的兴趣了。但是，我马上又告诉自己，不要对他们的提议抱什么希望。在过去的几年里，部里对这种提议都熟视无睹，而且好几位比我年长、在能力上与我旗鼓相当的同事,都一直在徒劳地等待着这种任命。我绝没有理由认为自己会好到哪里去。所以,我决定听天由命。我认为自己没有野心,即使没有教授头衔,我也会带着成功的喜悦从事自己的专业。无论我认为那些葡萄是甜还是酸,都无关紧要,因为对我来说,它们挂得太高了。

一天晚上,一位朋友 R 打电话说要来看我,他是那些同事中的一位,我把他的境遇看成一种警告。他早就是教授头衔的一名候选人(在我们的社会里,医生有了这个头衔,患者们就会奉若神明)。因为他不像我那样听天由命,所以他常常不时地向部里提出自己的要求,希望得到晋升。他这次来看我,就是在这样一次访问之后。他说,这次他坦率地问上司,自己迟迟不能晋升是否真的是因为自己的教派。得到的回答是:在目前的舆论状态下,他不能晋升。"至少现在我知道自己的处境。"我的朋友 R 最后说道。他对我说的这句话并不新鲜,但这很可能更使我听天由命,因为教派考虑,同样适用我自己的情况。

朋友 R 访问后的第二天凌晨,我做了下面这个梦。同时,梦的形式也值得注意。它包括两种想法和两个人物,一种想法紧跟着一个人物。但在这里,我只记录下梦的前半部分,因为后半部分和我引用的梦的目的没有任何关系。

人物:我的朋友 R 变成了我的叔叔,我对他有很深的感情。

想法:我看到他的脸在我面前有些变形,似乎被拉长了,满腮的黄胡子,看上去特别显眼。

接着是梦的其他部分,又是一个人物和一种想法,我就略去了。

那天早上,回想起这个梦时,我马上笑道:"这个梦是胡言乱语。"可是,我却无法从脑海里排除,整天被纠缠着。直到晚上,我才这样自责道:"如果在梦的解析过程中,你的一个患者只会说:'那是胡说八道。'你就一定会责备他,而且你怀疑在梦的背后藏有某件令人不快的事情,他不想暴露这一点,使自己难过。你会用同样的方式来对待自己的患者。你认为'梦是胡言乱语'的意见,也许仅仅表示内心对解梦的抗拒。别让自己搪塞过去。"于是,我继续解析起来。

R 是我的叔叔。这可能是什么意思呢?我只有一个叔叔——约瑟夫叔叔。

关于约瑟夫叔叔的故事让人伤心。30多年前，为了赚钱，他竟然允许自己参与一种法律严惩的交易，并受到了惩罚。我的父亲因为伤心，没几天头发就白了，总是说约瑟夫叔叔从来没有做过坏人，只不过是一个傻瓜。那么，如果我的朋友R是我的约瑟夫叔叔，那就等于说："R是一个傻瓜。"简直难以相信，非常令人不快！但是，我在梦中看到了那张脸——拉长的脸和黄胡子。约瑟夫叔叔确实有这样一张脸——长长的，还有漂亮的黄胡子。我的朋友R特别黝黑，但当黑发开始变灰时，就会失去青春的光泽。他的胡子也一根一根经历了令人不快的变色，先是变成浅红棕色，然后是浅黄棕色，最后干脆变成了灰色。到现在，我遗憾地注意到自己的胡子也是这样。我在梦中看到的那张脸，马上成了我的朋友R和约瑟夫叔叔的脸，就像高尔顿的一张合成照片。为了强调家庭成员的相似之处，高尔顿把好几张面孔拍照在同一底片上。毫无疑问，现在是可能的，我确实认为我的朋友R是一个傻瓜，就像我的约瑟夫叔叔一样。

我仍然不知道自己是为了什么目的解决了这种关系。这肯定是我必须毫不客气反对的。然而，进行得不是很深入，因为我的约瑟夫叔叔是一个罪犯，而我的朋友R不是，除了有一次他因骑自行车撞倒一个学徒而被罚款。我在这里又想起了几天前与另一位朋友N的对话。事实上，是同一个话题。我和N在街上相遇，他也被提名晋升教授，听到我也同样得此殊荣，他向我祝贺。我拒绝他的祝贺，说："你绝不能拿这件事开玩笑，因为根据自己的经验，你知道提名价值几何。"于是，尽管可能不是出于真心，他说："你可说不准。我的事是有专人反对。难道你不知道一个女人曾经控告过我吗？我几乎可以让你放心的是，这件事摆平了。这是一种卑鄙勒索的企图，我力所能及的就是让原告免受惩罚。但是，这件事可能让部里记住了。而你却是完全清白的。"就这样，我从这里又发现了罪犯，同时也得到了对我的梦的解析和倾向。我的约瑟夫叔叔象征了我的两位没有被任命教授的朋友——一个是傻瓜，另一个是罪犯。现在，我也明白了这种表现是出于什么目的。如果部里考虑的是我的两位朋友延期任命的决定因素，那么，我的任命也同样危险。但如果我能查到这两位朋友遭到拒绝的、不适用我自己的其他原因，那我的晋升希望就不受影响。这就是我的梦遵循的程序：它使其中一位朋友R成了傻瓜，另一位朋友 N 成了罪犯。但是，我既不是傻瓜，也不是罪犯，我们之间没有共同之处。我有权利享受任命，而且避免了上司对我的朋友 R 所下的那种令人痛苦的结论。

我仍然必须对这个梦进一步解析，因为我感到解析得还不是很满意。为了扫清自己晋升教授道路的障碍，我竟在梦中降低两位朋友的身份，心里仍感到不安。当然，因为我已经了解到梦中证据的真正价值，所以我对这个程序的不满也就减轻了。如果有人说我确实认为 R 是一个傻瓜或我不相信 N 所说的勒索之事，我就应该加以驳斥。当然，我也不相信爱玛会因为奥托给她打的一针丙基制剂而病情严重。这里像前面一样，梦表现的只是我的愿望。就愿望实现的叙述而言，第二个梦听起来没有第一个梦荒唐，第二个梦在这里巧妙地利用了事实，就像真实的诽谤之词，使人会说"言之有理"，因为当时我的朋友 R 不得不同自己部里的一位投反对票的教授争辩，而我的朋友 N 毫不怀疑地亲自给我提供了诬陷的材料。不过，我要重申，我仍然认为这个梦需要进一步解析。

我现在想起来，这个梦还包含有另一部分，这一部分至今没有得到解析。当我在梦中发现我的朋友 R 是我的约瑟夫叔叔后，我感到对他有一种深厚的感情。这种感情是指向谁呢？因为我对约瑟夫叔叔确实从来没有过任何感情。尽管 R 是多年的挚友，但如果我去当面向他表达我在梦中对他怀有的那种深情，他肯定会感到吃惊。我的这种感情似乎虚伪和夸张，就像我把他的人格和约瑟夫叔叔的人格融合在一起判断他的智慧品质一样，但夸张是朝着相反方向。不过，现在我渐渐明白了一种新的事态。

梦中的这种感情并不属于隐藏的内容，也不属于梦背后的那些思想。它和显梦相反，是蓄意隐藏解析传达的知识，这大概正是梦的功能。我记得，我当初进行梦的分析时是多么不情愿，设法拖延了很长时间，断言梦是胡言乱语。我从心理分析的实践知道这种指责需要解析，它没有任何情报价值，只是表达了一种情感。如果我的小女儿不喜欢送给她的一个苹果，她就声称苹果是苦的，连一口都不尝。如果我的患者也这样表现，我就知道我是在对付他们正设法压抑的一种思想。我的梦也是这样。我之所以不想解析这个梦，是因为我反对解析中的某些内容。解析完这个梦之后，我才发现我反对的是什么，那就是断言 R 是个傻瓜。我在梦中对 R 那种感情并不是指隐藏的内容，而是我对梦的不情愿。如果和隐藏的内容比较，我的梦的伪装其实是通过产生其反面而对事情进行曲解，梦中显现的那种感情因而达到了曲解的目的。换句话说，变形在这里是有意而为，这是一种伪装的手段。我在梦中对 R 的思想是贬损，所以我不可能意识到诽谤的相反的一面（对他的一种温情）进入了梦中。

这个发现可以证明是能站得住脚的。就像第三章的例子显示的那样，肯定会有不加伪装的愿望满足的梦。在愿望难以辨认和伪装的地方，肯定是有自我防御这种愿望的一种倾向，由于这种防御，愿望无法自己表达，只好以一种变形的方式出现。我要设法在社交生活中找到与这个内心精神生活事件类似的实例。在社交生活中，哪里才能找到类似的曲解呢？只有两人相处，其中一个人拥有某种权力，另一个人因对这种权力有某种考虑而不得不行动时，才会出现这种情况。那么，第二个人会使自己的精神行动发生变形，或者像我说的那样，他会戴上面具。我每天进行的礼节大部分都是这种伪装。如果为了读者的利益，我解析自己那些梦的话，使我不得不进行这种曲解。就连诗人也抱怨这种曲解的必要性："你所能知道的最好事情，不要向男孩讲。"

对那些当权者讲述不快事实的政论作家，发现自己也处在类似的境地。如果他毫无保留地说出所有的一切，政府就会进行镇压——如果是口头发表的言论，就会事后追究；如果是出版物，就会查封。作家对审查机构提心吊胆，所以，他们在表达看法时，常常缓和语气和改头换面。他们发现自己不得不依照政治的敏感性，要么避开某些攻击方式，要么用隐喻来代替自己的直接主张，要么他们必须以伪装来隐藏令人不快的叙述。审查控制越严，伪装越彻底，而且让读者领会真正含义所采用的手段也常常越巧妙。

审查制度现象和梦的变形现象之间在细节上的吻合，向我们证明了两者是以相似的情况为先决条件的。那么，我们应该假设，作为梦构成的主要起因，每个人心里都存在两种精神力量（倾向或系统）：一种形成愿望，由梦表现出来；另一种对这个梦的愿望行使审查制度，由此迫使它发生变形。问题是，第二种借此能行使审查制度的权威性是什么呢？如果我们记得分析前我们意识到的不是那些梦念，而是记忆中从那些思想中出现的梦的内容，那么，让梦念进入意识是第二种精神力量的特权，这并不是牵强的设想。任何东西事先不经过第二种精神力量，就无法从第一种精神力量到达意识；如果第二种精神力量不行使权利，迫使发生这种变形适合进入意识，就不会让任何东西通过。我由此得出了意识本质的一个非常明确的概念。在我看来，变成意识的状态是一种特殊的精神行为，不同于或独立于成为观念或表象的过程，所以对我们来说，意识就是一种感知来自另一个资料内容的感觉器官。可以看出，精神病理学绝不能免除这些基本假设。不过，我将另抽时间更加彻底地研究这一主题。

　　如果牢记两种精神力量的概念和它们与意识的关系，我就会在政界找到我对朋友R的那种特殊感情非常恰当的类似现象，因为R在梦的解析中遭到了如此贬损。我之所以谈到一个国家的政治生活，是因为如果这个国家警惕自己权利的统治者和积极的民意常常发生相互冲突。人民反对一个不受欢迎的官员的所作所为，强烈要求将他免职。而统治者为了表示自己对民意的蔑视，故意在不该让那个官员升官时授予他某种特权。同样，控制进入我的意识的第二种精神力量，以一种强烈的特殊感情来突出我的朋友R，因为第一种精神力量的愿望倾向是想把他贬损为一个傻瓜。

　　我们现在也许会开始怀疑，梦的解析可以产生有关精神器官的信息，我们至今从哲学中都无法指望得到。然而，我们不会沿着这条小路走下去，而是解释清楚梦的变形的问题，回到我们最初的问题上。出现的问题是，带有令人不快内容的梦如何能分析为愿望的满足。我们现在看到，当令人不快的内容只是用来掩饰想得到的东西时，梦就可能在那个地方发生变形。我们对两种精神力量的假设，现在也可以说，令人不快的梦事实上包括对第二种精神力量感到不快的东西，但同时这又满足了第一种精神力量的愿望。只要每个梦源自第一种精神力量，它们就是表示愿望的梦；第二种精神力量对于梦只是一种防御性的，而不是建设性的方式。如果我们只限于考虑第二种精神力量对梦的作用，那我们将永远无法理解这个梦，而且研究这个主题的那些学者在这个梦里发现的所有问题也仍未得到解决。

　　每个梦经过分析，肯定可以重新证明，梦其实都具有一种愿望满足的神秘意义。因此，我要精选几个具有痛苦内容的梦，尽力来分析它们。其中有些是癔症患者做的梦，所以要求有一个长篇开场白，而且有些篇章要对癔症发生的心理过程进行分析研究。尽管叙述起来会很复杂，但这不可避免。

当我治疗一位神经官能症患者时，正如我曾经说过的那样，他的梦常常成为我们谈话的主题。所以，我必须给他所有心理上的解释，我自己也终于明白了他的症状。我在这里遭到了无情的批评，其刻薄程度大概绝不亚于我的同事。我的一些患者都一致反对"梦是愿望的满足"的学说。这里援引几个用来反驳我的学说的梦例。

"你总是说'梦是愿望的满足'，"一个聪明伶俐的女患者开口说道，"现在我要告诉你一个内容和愿望完全相反的梦，在这个梦里我自己的愿望没有得到满足。看你怎样来自圆其说？梦是这样的：我想举行晚宴，但手边除了一些熏鲑，什么也没有。我想去买东西，但又想起是星期天下午，所有商店都不开门。这时，我设法给几家餐馆打电话，可电话又出了故障。于是，我只好断了举行晚宴的念头。"

我回答说，只有分析才能决定这个梦的意思，尽管我承认它乍一看似乎明白连贯，和愿望的满足相反。"可是，是什么事引起你做这个梦的呢？"我问。

患者的丈夫是一个诚实能干的肉贩子，前一天丈夫告诉她说，自己胖得太快了，想接受减肥治疗。她的丈夫常常早起，参加运动，坚持严格节食，而且最重要的是，丈夫不再接受任何晚宴邀请。有一次，患者的丈夫在他们常去的饭馆里结识了一位画家，这位画家执意要为他画像，因为画家从来没有见过这样一个富有表情的面部。可是，患者的丈夫直截了当地回答说，尽管他非常感谢，但他并不愿意，他确信一个漂亮女孩的一片屁股都会比他的整张脸更让画家高兴。患者非常爱自己的丈夫，好好调侃了丈夫一番。

患者曾经求丈夫不要再给她鱼子酱。那可能是什么意思呢？事实上，她很长时间都想每天早上吃鱼子酱三明治，但又不愿破费。当然，如果她开口要，她会马上从丈夫那里得到鱼子酱。然而，她却请求丈夫不要给她任何鱼子酱，这样她可以调侃丈夫时间长一点。

在我看来，这个解释好像缺乏说服力，不可告人的动机常常藏在令人不满的解释的背后，使我想起了那些被伯恩海姆施了催眠术的患者。他对患者发出催眠的指令后，问患者的动机时，患者不是回答："我不知道为什么这样做。"而是编造出一个显然不充分的理由。这大概和我的患者说的鱼子酱的情况有些相似之处。我明白，她是在清醒状态下被迫编造了一个没有满足的愿望。她的梦也表明了她的愿望没有得到满足。可是，她为什么需要一个没有满足的愿望呢？

迄今为止，引出的这些思想不足以解析这个梦。我又追问她，她停顿了一会，克服了某种阻力，继续说，前一天她去拜访一位她曾经嫉妒的朋友，因为她的丈夫总是在高度称赞这位女士。幸运的是，这位朋友又瘦又高，而她丈夫喜欢丰满的女人。她的朋友说了想长胖些的愿望，并问她："你什么时候打算再邀请我呀？你做的菜总是那样好吃。"

现在，这个梦的意义就清楚了。我告诉患者："这就像她要你请客时你已经心里有数：'我要请你，好让你在我家里吃，长胖后，更合我丈夫的心意！我宁愿再也不举行晚宴！'那么，这个梦就告诉你，你不能举行晚宴，从而满足了你不想帮助朋友长胖些的愿望。你的丈夫不再接受任何晚宴邀请，坚定想要瘦身的决心，使你明白，人之所以长胖，是在别人家餐桌上吃的。"现在，除了证实这个解答是某种巧合，什么都清楚了。还没有找到梦中熏鲑的线索。我问她："你为什么会在梦里想到熏鲑呢？""熏鲑是我的朋友最喜欢的一道菜。"她回答说。刚好我也认识这位女士，并能断言，她自己舍不得吃熏鲑，就像我的患者舍不得吃鱼子酱一样。

如果补充一种情况，这个梦其实就有必要容许另一个更准确的解析。这两种解析互不矛盾，而是相互吻合，并提供一个含义模糊的梦例，就像所有其他精神病理学的构成一样。当这位女患者在梦里拒绝某个愿望时，她被迫拒绝了一个真实的愿望（想吃鱼子酱三明治的愿望）。她的朋友也表达了一种愿望，那就是想长得更胖些。所以，如果患者梦到她朋友的这个愿望（想增加体重的愿望）没有满足，那不会让我感到吃惊。取而代之的是，她梦到自己的愿望没有得到满足。如果梦中的人不是指她自己而是指她的朋友，或她把自己放在了她的朋友的位置上，或把她自己看成了她的朋友，这个梦就可能有一种新的解析。

第五章　梦的材料与来源

我分析了爱玛打针的梦之后，认识到梦是一种愿望的满足，马上就想确定我是否由此发现了梦的普遍特征，所以在解析过程中，暂时把可能出现的其他科学问题放到了一边。既然我已经在这一条路上达到了目标，就可以回过头看看。即使我可能一时忘记愿望的满足这个仍要进一步考虑的主题，也要选一个新的出发点，来探究梦的问题。

既然我能通过运用解析过程来探测梦的隐意（其重要性远远超过梦的显意），我自然就必须回到各个梦的问题上，来看看我只在显意中发现的似乎让我困惑的各种难题和矛盾，现在是否可以得到圆满解决。

这里没有探讨以前的学者对梦和清醒状态的关系，以及梦的材料来源的看法。不过，我可能要回想一下梦中记忆的三个特征，虽然这些特征经常提到，但从来没有解释过。

1. 梦显然比较喜欢过去几天的那些印象（罗伯特、斯顿培尔、希尔德布朗特、韦德、赫拉姆等主张这种说法）。

2. 梦根据不同于清醒状态的记忆的原则进行选材，因为它记起的不是不可或缺的重要事情，而是被忽视的次要事情。

3. 梦受人的儿童时期最初的印象支配，并披露这段时期的种种细节（这些细节看似微不足道，而且在清醒状态中还以为早被遗忘了）。

当然，梦在选择材料时的这些特征，早期学者已经在梦的显意方面作了评述。

第一节　梦中的印象

如果我现在以自己的经验来讨论出现在显梦（指梦的显意）中的那

些元素的来源，我肯定首先表达这样的看法，也就是在每一个梦中，我都可能发现前一天那些体验的某些证明。无论我求助什么样的梦，无论是我自己的还是别人的，这种体验总会得到证实。明白了这一点，我也许就可以通过寻找前一天激发梦的那种体验，开始解析工作。在许多情况下，这的确是一个最快的方法。在第四章我详细分析过的两个梦（爱玛打针的梦和黄胡子叔叔的梦）中，和前一天有关的联系一目了然，所以不需要进一步阐明。但是，为了可以证明这种联系是有规律的，我要研究自己的梦记录本中的一部分。我要尽可能多地叙述这些梦，亟须找到可疑梦的来源。

1. 我去拜访一个不愿接待我的朋友……同时我让一个女人在等着我。

来源：傍晚，我和一位女亲戚谈话，人意是她必须要等待自己曾经要求的一笔汇款，直到……

2. 我曾经写了一本某种（未定）植物的专著。

来源：当天上午，我曾经在书店的橱窗里看到一本樱草属植物的专著。

3. 我在街上看到两名女性，是一对母女，女儿是一个患者。

来源：傍晚，一位接受治疗的女患者告诉我说，她的妈妈如何设置障碍，阻止她继续接受治疗。

4. 在 S&R 书店，我订了一份期刊，每年价值 20 弗罗林（一种旧时的银币）。

来源：白天，妻子提醒我，我还欠她每周 20 弗罗林的零用钱。

5. 我收到社会民主委员会的一封信，在信中我被称为会员。

来源：我同时收到了自由选举委员会和博爱社主席的来信，我的确是博爱社的会员。

6. 一个男人像伯克林那样站在从海里升起的一块陡峭的岩石上。

来源：魔鬼岛上的德雷福斯（Dreyfus），还有我从英国亲戚那里听到的消息等。

可以提起的问题是，梦仅仅是指前一天的那些事情，还是可以延长时间，把最近这段时间的印象都包括在内呢？这也许不是一个首要问题，但我倾向于支持优先考虑做梦前那天的情况。无论什么时候，只要想到梦的来源是两三天前的印象，我就能在仔细研究后说服自己，这个印象是前一天记住的。也就是说，前一天印象的重现已被插入事发当天和做梦时刻之间。同时，我还能指出，关于较早时候回忆的新近诱因。另外，我无法使自己确信，在激起梦的白天印象和梦中重现之间，存在生物学意义的固定时间间隔（斯沃博达认为这种时间间隔是18个小时）。

所以，我相信，对每个梦来说，梦的刺激因素可以在"人还未入睡"的这些体验中发现。

哈夫洛克·埃利斯同样也注意到了这个问题。他说，尽管他曾经寻找过，但他无法在自己的梦中发现任何这种再现的周期性。他叙述了一个梦，梦见自己在西班牙，想去一个叫达劳斯、瓦劳斯或扎劳斯的地方。醒来时，他无法想起任何这样的地名，而且再也想不起这件事。几个月后，他真的发现了扎劳斯这个地名。那是圣塞巴斯蒂安和毕尔巴鄂之间的一个站名，在做梦日之前的8个月，他曾经坐火车路过那个地方。

因此，过去不久（除了做梦夜之前那个日子）的印象和无限遥远时期的印象，对显梦的关系没有两样。只要思想链能把做梦那天的那些体验（"最近"那些印象）与早期体验联系起来，梦就可以从一生任何时期进行选材。

可是，为什么梦这样偏爱最近的印象呢？如果我对已经提到过的其中一个梦进行更精确的分析，就会得出一些假设。我选的是植物学专著的梦。

我写了一本某种植物的专著。这本书摆在我面前，我正在翻阅一页折叠的彩色图片，其中钉有一片干枯的植物标本，就像从植物标本集里取出的一样。

分析：当天早上，我在一个书店的橱窗里看到一卷名为《樱草属植物》的书，显然是这类植物的一本专著。

樱草花是我的妻子最喜欢的鲜花。我之所以责备自己很少想起给她带鲜花，是因为她想让我给她带。我从给她送鲜花这个主题，想起了最近给一些朋友讲的一个故事，来证明我的主张，也就是我们经常忘记服从潜意识的目的，而且遗忘总能使我们推断出遗忘者的秘密意向。一位年轻夫人每年生日都会收到丈夫送给她的一束鲜花。有一次生日，她没有收到这份爱的信物，就突然放声大哭。她的丈夫进来，不明白她为什么哭。她这才告诉丈夫说："今天是我的生日。"丈夫拍了拍自己的额头，失声叫道："噢，原谅我，我完全给忘了！"然后打算马上出去给她买鲜花，但她没有得到安慰，因为她明白，丈夫的遗忘证明她在丈夫的心中不再像以前那样占有同样的地位。这位夫人两天前见过我的妻子，说她感觉良好，并向我问好。几年前，她是我的一个患者。

　　补充的事实：我确实曾经写过某种植物的论著，是有关古柯植物的论文。这篇论文引起了科勒对古柯碱麻醉特性的注意。我曾经暗示古柯碱可用作麻醉剂，但我没有继续彻底研究这个问题。这也使我想起，梦醒后那天早上（我直到那天晚上才抽出时间进行解析），我是在一种白日梦中想到了古柯碱。在梦中，我患了青光眼，然后化名住在柏林朋友的家里，他推荐那里的一位外科医生给我做手术。这位外科医生不知道我这个患者叫什么名字，所以像往常一样吹嘘说，自从采用了古柯碱，这些手术就变得易如反掌，而我又不愿泄露自己在发现古柯碱中也有一份功劳这个事实。随后，幻想又使我想到，一名医生要求一位同行为自己进行专业服务，真是一件尴尬的事，我应该像其他人那样付给这位素不相识的柏林眼科医生医疗费。只是在回忆起这个白日梦后，我才意识到梦的背后隐藏着对某个特定事件的记忆。科勒发现古柯碱不久之后，我的父亲患了青光眼，是我的一位朋友——眼科医生柯尼斯坦为他做的手术。科勒负责古柯碱麻醉，他说，这次手术把负责推广古柯碱的三个人聚在了一起。

　　我的思绪现在又回到了最近一次使我想起与古柯碱有关的情景。这是在几天前，当时我收到了一份纪念文集，这是感恩的学生们为庆祝他们的老师兼实验室主任50周年纪念编的。纪念文集在列举与实验室有关的人物的声望时，我注意到，他们把发现古柯碱具有麻醉特性归功于科勒。现在，我才突然意识到，这个梦和前一天晚上的一个经历有关。我正好陪同柯尼斯坦回家，就讨论起了一个话题，只要提起这个话题，就让我大为兴奋。我和他在门厅交谈时，加特纳教授和他的年轻妻子走了过来，我情不自禁地称赞他的妻子貌若鲜花盛开。加特纳教授是我刚说到的纪念文集的编者之一，很可能是他让我想起了纪念文集。我和柯尼斯坦谈话时，还提到了前面说的生日那天失望的夫人，尽管肯定是另一种关系。

我现在想阐明显梦的其他决定因素。论著中夹了一个干枯的植物标本，就像是一本植物标本集取出的。而植物标本集使我想起了中学时代。有一次，学校的校长把高年级学生召集到一起，目的是编一本植物标本集。校长似乎对我的协助能力没有多大信心，因为他只交给我寥寥几页。我到现在才知道，它们上面有十字花科植物。我对植物学的兴趣从来都不是很大。预考植物学时，要求我识别一种十字花科植物，结果我没有辨认出来。要不是理论知识帮我的忙，我肯定会考砸的。十字花科植物暗示着菊科植物。洋蓟是一种菊科植物，而我确实可以把它视为自己最喜欢的花。我的妻子比我更体贴，从市场回来时，经常给我捎我最喜欢的这种花。

我看到自己写的那本专著摆在我面前。这段又有一种联想。昨天，我的一位朋友从柏林来信说："我非常看重你的有关梦的解析的书。我仿佛看到这本书已经摆在我面前，正逐页翻阅着。"要是我能看到这本书真的写完了，并摆在我面前，该多好！

折叠的彩色图片。上医学院时，我曾经一门心思狂热地攻读各种专著。尽管金钱有限，但我还是订阅了许多医学期刊，上面的彩色图片确实让我赏心悦目。我对这种爱好感到非常自豪。我后来开始自己出书时，不得不为自己的书画上插图，我记得其中有一张画得很糟，一位善意的同事为此还戏弄过我。不知怎么回事，我由此又联想到了自己童年时的一段记忆。有一次，我的父亲为了逗我们开心，递给我和妹妹一本含有彩色图片的书（那本书是《波斯旅行记事》），让我们把它撕毁。从教育观来看，这一点并不值得称赞。当时，我5岁，而妹妹不到3岁，我们两个小孩子欢天喜地把书撕成碎片（我应该补充一句，就像洋蓟似的）的情景，几乎是我人生这个时期留在脑海里的唯一生动的记忆。后来，上大学后，我对收藏书本情有独钟（这类似于我攻读论著的爱好，是在我的梦念中暗示过、与樱草花和洋蓟相关的一种嗜好），我变成了一个书虫。自从着手自我分析到现在，我总是从人生这个最早的热情追溯到童年的这个印象，或者更准确地说，我已经认识到，这个童年景象是我后来成为藏书癖的一种隐藏记忆。当然，早年我就得知，我的激情常常会成为自己的不幸。我17岁时就欠了书商一大笔钱无法偿还，不管怎样，我的父亲不会因为我的这种爱书热情可敬而原谅我。但是，提到我年轻时的这段经历，又使我想起了做梦前那天晚上和柯尼斯坦的谈话，因为谈话的其中一个主题还是原来受责备的事情——我过分热衷于自己的嗜好。

因为剩下的内容与梦的解析无关，所以我就不再继续分析这个梦了，而是仅仅指出解析的途径。在解析过程中，我想起了和柯尼斯坦的谈话，而且想起的确实不止一部分。当考虑这个谈话中涉及的那些主题时，我马上就会明白梦的意义。所有已经开启的思路——我自己的爱好、妻子的爱好、古柯碱、向自己同行求医的尴尬、我对论著研究的偏爱，以及我对某些学科（如植物学）的疏忽，所有这些都会延续，把话题渐渐地引到这个谈话纵横交错的分支上。这个梦又一次呈现了自我辩解的特性，为我自己的权利辩解（像第一次分析过的爱玛打针的梦一样）。它甚至会延伸那个梦的主题，然后讨论已经加进两个梦之间、与新主题有关的问题。甚至梦的无关紧要的表达方式也马上会产生一种意义。现在这个梦的意思是："我的确是曾经写过（有关古柯碱）的有价值的成功论文，"就像以前我在自我辩解中宣称的那样，"我毕竟是一个一丝不苟、勤奋刻苦的学生。"在这两句话中，我发现的意思是："我可以允许自己这样做。"但是，我也许无须对这个梦进一步解析，因为我记录梦的唯一目的，就是研究显梦和唤起梦的前一天体验之间的关系。只要我知道这个显梦，与白天的任何印象的联系就会显而易见。但是，当我完成这个解析时，当天的另一个体验就变成了梦的第二个来源。这个梦涉及的第一个印象无关紧要，是一种次要的情况。我在橱窗里看到一本书，书名让我注意了一会儿，但内容几乎让我不感兴趣。第二个体验具有重大的心理价值。我和一位眼科医生朋友热心交谈了大约一个小时。我在这次交谈中做了一些暗示，这肯定让我们俩感到不安，并唤起了我的回忆。我意识到这些回忆和各种各样的内心刺激有关。此外，这次交谈没有结束就被打断了，因为一些熟人走向了我们。白天的这两个印象之间，以及和当晚做的梦之间，是什么关系呢？在显梦中，我仅仅发现对无关紧要印象的一种暗示，因此我能够重申，梦更喜欢把非本质特性的体验吸收进它的内容。在梦的解析中，一切都集中在合理烦扰的重要事件上。如果我根据在分析过程中显示出来的梦念，以唯一正确的方法来判断梦的意义，我就会感到自己无意间又发现了一个新的重要事实。我明白，

"梦只是涉及白天体验到的毫无价值的零碎东西"这个费解理论是站不住脚的。我也不得不反驳"清醒状态的精神生活不会在梦中延续，因此梦在微不足道的材料上浪费我们的精神能量"这个主张。其实，刚好相反。白天曾经引起我们注意的事情也支配着我们的梦念。我们在梦中对这些事用心，是在为我们白天的思考提供资料。

也许对"我梦见白天无关紧要的印象，而这个印象有充分理由使我兴奋导致我做梦"这个事实最直接的解析，就是我又一次要在这里谈到梦的变形现象，我曾经把这看作一种精神力量在扮演审查的角色。利用对樱草属植物专著的回忆，像是对我和朋友交谈的一种暗示，仿佛我的患者的朋友在梦中延期吃晚餐，由熏鲑作为暗示一样。唯一的问题是：通过什么中间环节，才能使论著的印象发展到暗示和眼科医生朋友谈话的关系呢？因为这种关系起先感觉不到。以延期晚餐的梦为例，相互的关系一目了然，熏鲑作为患者的朋友最喜欢的一道菜，属于那个思想圈，朋友的个性自然会在做梦者的心中唤起。在我的新例子中，要涉及两个完全孤立的印象。乍一看，除了它们确实发生在同一天，似乎没有任何共同点。那本专著是那天早上引起我注意的，而我参与的那个谈话是发生在晚上。分析提供的结论是这样的：两个印象之间的关系一开始并不存在，随后才在一个印象的思想内容和另一个印象的思想内容之间建立。在写这个分析的过程中，我曾经着重挑出那些中间环节。只有在某些外力的影响下，也许是对那位夫人没有得到那些鲜花的回忆，使樱草属植物专著的思想会依附樱草属植物是我妻子最喜欢的鲜花的思想。我相信这些不起眼的思想不会引起一个梦。就像我们在莎士比亚的《哈姆雷特》中看到的那样："我的上帝，要告诉我们这个，不必让鬼魂从坟墓里出来。"

在分析中，我想起了打断我们谈话的那个人名叫加特纳，我认为他的妻子看上去像鲜花盛开一般。的确，现在我甚至还记得，一个叫弗洛拉的女患者曾经一度是我们谈论的主要话题。这肯定是依靠植物学思想领域的这些中间环节，让白天的两个事件（一个无关紧要，另一个富有刺激性）产生联系，随后就建立了其他关系，比如说古柯碱的关系，这可以恰如其分地在柯尼斯坦这个人和我写的植物学专著之间建立一种联系，从而保证两个思想圈的融合，这样第一种体验的一部分就可以作为第二种体验的一种暗示。

我准备找到这种被抨击为武断和人为的解析。如果加特纳教授和鲜花盛开般的妻子不出现；如果我们讨论的女患者不是叫弗洛拉，而是叫安娜，会发生什么呢？然而，答案不难找到。如果这些思想的关系不存在，也许会选其他关系。建立这种关系非常容易，就像我们为了娱乐使用诙谐问题和双关谜语表明的那样，风趣的范围无边无际。更进一步说，如果无法在当天的两个印象之间建立足够丰富的联系，这个梦就会只遵循另一途径。当天无关紧要的另一个印象可能会涌上心头，然后又被遗忘，这将会取代梦中的专著，同对话内容形成一种联系，在梦中重现这一点。由于被选中执行这个功能的是专著这个意念，而不是其他意念，因此这种意念可能最适合这个目的。我们不必像莱辛的《狡猾的小汉斯》那样惊讶："只有世界上的富人才拥有最多的钱。"

然而，按照我的解析，无关紧要的体验自动取代重要的心理体验的心理过程，似乎对我来说古怪而无定论。在后一章中，我会把这个看似错误的操作特性解析得更明白。我在这里只关心这个过程的结果，不得不经常通过对梦的分析再现种种体验，来接受这个结果。在这个过程中，就像在中间步骤中一样，出现一种强调精神的置换现象，就是具有微弱潜能的意念通过最初具有较强潜能的意念，摄取能量，达到一定强度，才能迫使它们进入意识。当这种置换现象是感情能量或运动神经活动的转移问题时，一点也不会让我吃惊。孤独的老处女移情于动物，单身汉变成热心的收藏家，士兵用鲜血保卫一块彩布——他的旗帜，恋爱时比平常握手稍久一点唤起无比幸福之情，或者像《奥赛罗》中那样一块丢失的手帕引发雷霆大怒，这些都是精神置换的例子，这在我看来是不容置疑的。但是，如果我采用同样的方式，根据同样的基本原则，决定什么出入我的意识，即我想要什么，这就会给我留下病态的印象。如果这发生在清醒状态中，我就会称之为思想错误。也许可以在这里预见到后面要讨论的结果——我在梦的置换中已经认识到的精神过程，最终证明不是一种病态失常的过程，而仅仅是一种不同于正常的过程，是比较初级的特性之一。

因此，我可以这样解释这个事实，显梦以琐碎体验的残余作为一种梦的变形（通过置换）的表现形式。于是，我想到，我曾经把这种梦的变形看作两种精神力量之间进行的一种审查。因此，可以预见，梦的分析不断地揭示当天事件中梦的精神意义的真正来源，记忆重点已经转移到了一些无关紧要的记忆上。这种观念与罗伯特的理论完全相反，因此没有进一步的价值。罗伯特想要解释的事实根本不存在，他的假设是基于一种误解，是基于无法用梦的显意代替梦的真意。对罗伯特的理论的进一步反驳是，如果梦的任务确实是通过一种特殊的精神活动摆脱我们的记忆、摆脱白天记忆的残余，那么，根据我们清醒状态的思想判断，我们的睡眠必然会更加混乱，陷入比我们所能猜想的更加紧张的工作。因为我们必须保护自己的记忆，抵制白天无关紧要印象的数量显然多得难以估量，整个夜晚时间都不够摆脱它们。不需要任何精神力量的积极干预，就可能忘记无关紧要的印象。

然而，在反驳罗伯特的理论时，有些地方仍然需要探讨。我尚未解释清楚"当天一个无关紧要的印象（其实是前一天的印象）经常有助于构成显梦"这个事实。这个印象和潜意识中梦的真正来源之间的关系，并不是一开始就存在的。据我所知，它们是随后建立的，此时梦其实正在工作，仿佛是要为有意置换的目的服务。所以，有必要在无关紧要的印象的方向上建立某种联系。这种印象必须具有特别适合的性质，否则梦念会同样轻易地把重点转移到自己观念范围内某种次要的成分上。

以下种种体验可以给出一种解释：如果白天带给我们两种或两种以上值得唤起梦的体验，那个梦就会把两种暗示合成完整的一个。例如，一个夏天的午后，我走进一节火车车厢，在那里发现了两个熟人，但他们彼此并不认识。其中一位是有影响力的同事，另一位是我一直去给他们看病的名门望族的成员。我介绍两位先生认识，但在漫长的旅途中，他们却通过我进行交谈，所以我不得不轮换着，时而讨论这个话题，时而讨论那个话题。我请求那位同事推荐我们俩都认识的一位刚开始行医的朋友。他回答说，他确信这个年轻人的能力，但他的平凡相貌会使他很难得到上流社会患者的青睐。我对此回答说："这正是他需要推荐的原因。"过了一小会儿，我转向另一位同行的旅客，询问他的姑母——我的一个患者的母亲的健康状况，因为她当时正卧病在床。在这次旅行的当天晚上，我梦见我曾经请求同事推荐的那个年轻人在一个时髦的客厅里，站在一群有权有势的人面前，以一种通晓世故的举止为一位老太太致悼词。而这位老太太正是我的第二个旅伴的姑母,在我的梦中已经死去(我坦白承认,我和这位女士的关系不好)。所以,我的梦又一次找到了白天的两个印象之间的联系,并通过这两个印象形成了一个统一的状况。

由于有许多相似的体验,因此我提出了"梦在一种强迫性冲动下工作,这种强迫性冲动把提供给梦的刺激的所有来源合成统一的整体"的主张。在下一章中,我将讨论这种作为浓缩过程部分的联合冲动是另一种主要精神过程。

我现在要考虑的问题是,通过分析梦的刺激的来源,是否必须总是最近的(有意义的)一个事件,或者一种主观体验是否能承担梦的刺激的角色。根据无数次的分析,得出下面非常肯定的答案:梦的刺激可能是一种主观活动,似乎是由当天的精神活动形成的一个最近事件。

这也许是将梦的来源运作的各种不同状况简要概述的最好时候。

1. 最近发生、具有精神意义的事件,直接在梦中表现出来。
2. 最近发生的几个有意义的事件,由梦中合成一个单独的整体。
3. 最近发生的一个或一个以上有意义的事件,由同时发生但无关紧要的一个事件,通过暗示表现在显梦中。
4. 一个主观意义上的体验(一种回忆,或一连串的思想),经常在梦中以最近发生但无关紧要的印象暗示,表现在梦中。

可以看出,在梦的解析中,显梦的某一成分总是重复做梦前一天的印象。这个注定要在梦中表现出来的成分,要么可能属于梦的刺激本身(作为同类中一种重要的或次要的成分)的同一意念范畴,要么可能来自某个无关紧要的印象,因为这个印象或多或少和梦的刺激有丰富的联系。这些情形的多样性仅仅起因于发不发生置换这种选择,也许在这里要注意的是,这种选择能使我解析梦的那些差异,就像医学理论利用脑细胞从部分到全部清醒的假说去解析梦一样容易。

在考虑这一系列来源时,我进一步注意到,在心理上具有重大意义但不是最近发生的元素(一种回忆,或一连串的思想),在梦的形成中可能会被一种最近发生但在心理上无关紧要的元素取代,只要满足下面两种条件:一是显梦与最近体验的事情保持一种关系;二是梦的刺激因素仍是一个在心理上具有重大意义的事件。如果我们现在认为这些无关紧要的印象(只要是最近发生的,就可以用作梦的材料)过了一天(或者至多几天），它们就会失去这种资格，那我们就得设想一种新鲜印象对梦的形成具有某种精神价值，有点类似带有强烈感情记忆或一连串思想的价值。稍后，按照某种精神因素，可以解释最近印象在梦形成中的这种重要性。

在这里，我还注意到，记忆和观念材料可能会在夜里不知不觉发生重要变化。"在作出最后决定之前，应该先考虑一夜。"这个训谕显然是有道理的。但讨论到这里，我发现，已经从做梦心理学转到了睡眠心理学，这一步以后还要经常提到。

此时，又出现一种反对意见，这有可能使我刚刚得出的结论失效。如果一些无关紧要的印象只有最近的来源才能进入梦中，那么，显梦中为什么也出现早期生活的一些元素呢？像斯顿培尔说的那样，这些元素最近发生时并没有什么精神价值，所以应该早被遗忘，也就是说，这些元素既不新鲜，也没有心理意义。

如果我们求助于对精神病患者心理分析的结果，这种反对意见完全可以驳倒。解释如下："通过无关紧要的材料（无论是做梦还是思考）代替具有精神意义的材料。"这种变换和重排过程，已经在人生早期发生，而且从此固定在了记忆之中。那些原来无关紧要的元素事实上不再是毫无价值，因为它们已经获得了具有心理意义材料的价值。否则，仍然无关紧要的材料绝不可能在梦中再现。

从前面的解释中，读者也许会得出正确结论，因为我主张没有无关紧要的梦刺激，所以也就没有坦率的梦。除了儿童梦以及夜间梦中对感官刺激的短暂反应，我绝对无条件地相信这个结论。除了这些以外，无论梦到的是什么，要么是一眼就可辨认具有精神意义，要么是发生变形，只有经过全面解析，才能证明它具有精神意义。

第二节　梦的来源——童年体验

和研究这一主题的其他学者（除了罗伯特）一样，我引证了显梦的第三个特性的事实，就是童年印象可能会出现在梦中，因为这些印象似乎不听从清醒记忆的支配。当然，这很难决定出现的频率，因为醒来后，辨认不出梦中各个元素的来源。因此，我要研究的童年印象必须客观引证，只有在罕见情况下才能证明这些条件。莫里讲的故事都特别真实，其中有一个故事是讲,有个人决定回到阔别 20 年的故乡。在启程前的那天夜里,他梦见自己到了一个完全陌生的地方,在那里碰到了一个陌生人,他还和那个人交谈起来。后来,他回到了故乡,才发现这个陌生的地方在故乡附近,梦中那个陌生人是他父亲生前的一位朋友,这位朋友如今住在城里。这当然确凿证明,这是他童年曾经见过的人和地方。此外,这个梦还可以解释为一种迫不及待的梦,就像口袋里装有音乐会票的少女梦、父亲答应带他去哈密欧游览的小孩梦(第三章提到的梦)等。当然,做梦者在脑海中重现童年那些印象的动机,不经过分析是难以发现的。

我有一位同事听过我的这些理论后,夸口说,他的梦很少发生变形。他告诉我说,他前一段时间曾经梦见过以前的家庭教师和保姆同床,甚至连真实的地点也逼真地呈现在梦中。因为他很感兴趣,所以就把这个梦告诉了他的哥哥。他的哥哥笑着证实确有其事,说自己非常清楚地记得这件事,因为他的哥哥当时已经 6 岁了。家庭教师和保姆只要是晚上方便幽会,就常常用啤酒把他的哥哥灌醉,而他当时才 3 岁,尽管和保姆睡在同一个房间里,但保姆认为这并不是什么障碍。

还有一种情况,不借助梦的解析,就可以确定梦含有来自童年的元素——这种梦是一种持续不断的梦,最初出现在童年,到了成年又反复出现。尽管我本人对持续不断的梦一无所知,但我可以举一个这种例子。一个 30 来岁的内科医生告诉我说,他从小到现在经常梦见一头黄狮子,对那个形象可以描写得一清二楚。有一天,他终于发现了这头狮子的实物,原来是一个早被遗忘的瓷狮子。后来,他从他的母亲那里得知,这个瓷狮子曾经是他小时候最喜欢的玩具,而他自己对这个事实却再也想不起来了。

如果从显梦转移到经过分析才揭示出的梦念,就可以发现,童年的体验甚至会重现在梦中,显梦就不会让我们怀疑任何类似的东西。我再引用那位梦见"黄狮子"的内科医生做过的另一个有意思的梦。在听了南森北极探险的故事后,他梦见自己在一块浮冰上,用电疗法为这位坚韧不拔的探险家治疗坐骨神经痛。在分析这个梦时,他想起了童年时的一件事,没有这件事,这个梦将无法理解。3 岁时,他有一天在倾听家人谈论探险的故事。过了一会儿,他问父亲探险是不是一种严重的疾病。

他显然把旅行（reisen）和腹绞痛（reissen）搞混了，而他的哥哥姐姐们的嘲笑使他无法忘记那次丢人的经历。

我正好有一个类似的例子。在分析樱草属植物专著的梦时，我偶然想起了童年时的一件事。我5岁那年，父亲允许我去撕一本配有彩色图片的书。可能有人会怀疑这种回忆是否真的进入显梦的构成中，也许会想到这种联系是分析后才建立的。但是，这种联想的丰富和复杂证明了我的解释是对的：樱草属植物——最喜爱的花——最喜爱的菜——洋蓟，像洋蓟一样一片一片撕成碎片。此外，我可以向读者保证，我在这里还没有发表的梦的最终意义和童年的破坏情景密切相关。

在另一系列的梦中，我从分析中得知，引起梦的那种愿望，以及愿望的满足，都来自儿童时期，因此会惊奇地发现，带有所有冲动的那个孩子形象仍然留在梦中。

我现在要继续对一个梦进行解析，已经证明这个梦是有意义的，指的是朋友R是我叔叔的那个梦。我已经对愿望——被任命为教授的愿望的动机进行了足够深入的解析，清楚地表明了这一点。而且，我曾经把在梦中对朋友R的情感，解释为在梦念中出现、对两位朋友反对和蔑视的结果。因为这是我自己的梦，所以我对得出的结果不太满意，要继续分析下去。我知道，自己对这两位朋友的看法，会以截然不同的语言表现在清醒状态中，因为他们在我的梦念中受到了怠慢。在任命问题上，我不希望遭遇和他们一样命运的愿望，在我看来，似乎不足以解决梦和清醒状态对他们看法的矛盾。如果我对任命教授的心愿真是那样强烈，那就证明是一种病态的野心，我相信自己没有那种野心。我不知道别人对我是一种怎样的看法，也许认为我是一个有野心的人。但如果我真的有野心的话，那区区一个教授的职位是不能满足我的。

那么，我梦中的那份野心又从何而来的呢？在这里，我想起了自己童年经常听到的一个故事。我出生时，一位老农妇曾经向我的母亲（我是她的头胎）预言说，她给这世界带来了一位伟人。这样的预言十分常见。我对出人头地的渴望可能是这个来源吗？但在这里，我又想起了童年后期的一个印象，也许这可能会提供更好的解释。我11岁时，我的父母常常带我去一家餐馆吃饭。一天晚上，我们注意到，那里有一个人从一张桌子走到另一张桌子，只要给他一些小钱，他就会按你给他的题目即兴赋诗。我奉命把那个诗人带到我们的桌边,他表示感谢。还没等命题,他就为我献了几首诗,而且告诉我,如果能相信他的灵感,那我将来有一天就可能会成为一名部长。我仍然可以清晰地记得这第二个预言产生的印象。最近,我的父亲把赫布斯特、吉斯克拉、昂格尔、伯格等杰出人物的肖像带回了家,让我们的家里蓬荜生辉。这些杰出人物中也有犹太人。每个用功的犹太学生都在书包里装有一个部长公文夹。那时的印象一定是因为这个事实,所以我上大学时,本想攻读法学,因为一名医生绝不会有机会成为一名部长(到最后一刻我才改变了主意)。现在,再来看我这个梦,我现在才开始明白,它把我从死气沉沉的日子带回到了充满希望的岁月,完全满足了当时我的雄心勃勃。在对待那两位朋友时,之所以那样粗暴,只是因为他们是犹太人,一个好像是笨蛋,另一个好像是罪犯,我的做派就像是一名部长,我已经把自己放在了部长的位置上。我对部长的报复是多么厉害!他拒绝任命我担任教授,我就在梦中把自己放在了他的位置上。

在另一个梦例中,我注意到,尽管刺激这个梦的愿望是当时的一个愿望,但它被童年的种种记忆大大加强了。我下面要谈到一系列的梦,这些梦都是以渴望去罗马为基础的。我可能要长期不得不通过做梦来满足这种愿望,因为一到每年我能去旅行的季节,都由于健康的原因不能去罗马。

我曾经梦见自己从火车车厢的窗户看到了台伯河和圣安吉洛桥。醒来后,我意识到自己根本没有到过这个地方,梦中出现的风景,是前一天我在其中一个患者的客厅里偶然注意到的一幅著名版画。在第二个梦里,有个人把我带上一座小山,让我看在薄雾中时隐时现的罗马城,罗马城非常遥远,所以我对风景那样清晰而感到惊讶。这个显梦非常丰富,无法在这里一一转述。"要看到远方乐土"的动机在这里一目了然。事实上,我在薄雾中看到的那座城市是吕贝克城,那座小山的原型是格拉茨城堡山。在第三个梦里,我终于到了罗马城。让我失望的是,风景完全不是都市景色:城里有一条流着黑水的小河,河岸的一边是黑色岩石,另一边是长有大白花的草地。我注意到一位似曾相识的祖克尔先生,就决定向他打听进城的道路。显然,我是想在梦中看到自己在清醒状态中从来没有见过的一座城市。如果我把梦中景色分解成若干元素,那些白花就是指我在熟悉的拉文纳看到的，拉文纳曾经一度成为意大利的统治中心。在拉文纳四周的沼泽地带，我发现黑水潭中有最美丽的睡莲，因为我发现很难从水里摘到它们，所以梦中就让它们长在了草地上，像我家乡的奥西湖生长的水仙花一样。距离水边很近的黑色岩石，使我生动地想起了卡尔斯巴德附近的泰伯尔山谷，这也就能解释我向祖克尔先生问路的特殊情况。

在这个梦编织的材料中，我能看出其中两个关于犹太人的奇闻逸事。这些奇闻逸事包含深刻的世故，有时也带有尘世的辛酸。所以，我非常喜欢在写信和谈话中引用。第一个是体力的故事。故事讲的是一个贫困的犹太人没买车票，偷偷上了去卡尔斯巴德的快车，结果在沿途检票时被发现，受到列车员苛刻的对待。在这悲惨的旅途中，他终于在一个车站碰到了一位朋友。他的朋友问他要去哪里，他回答说："如果体力能维持的话，我就去卡尔斯巴德。"我由此又想到了第二个故事。故事讲的是一个不懂法语的犹太人，在巴黎问去里希尼街如何走。巴黎是我多年渴望去的地方，我把自己第一次踏上巴黎人行道的满足，看成达到愿望的一种保证。而且，问路是对去罗马的一种直接暗示，因为俗语常说："条条大路通罗马。"此外，"祖克尔"（Zucker，指糖）的名字又指向了卡尔斯巴德，因为我经常送患有体质性疾病——糖尿病（Zuckerkrankheit）的患者去那里。这个梦的起因是我的柏林朋友建议复活节应该在布拉格会面。我和他要讨论的事情可能与糖和糖尿病有进一步联系。

上一个梦发生后不久，第四个梦也是发生在罗马城。我看到面前有一个街角，而且惊讶地发现那里张贴有许多德国人的布告。就在做梦的前一天，我给朋友写信时，就以先见之明告诉他，布拉格对德国旅游者可能不会是一个舒适的地方。所以，这个梦同时表达了我和他是在罗马而不是在布拉格见面的愿望，也表达了可能从我的学生时代就产生的愿望，希望布拉格可以更多地容忍使用德语。事实上，我在童年的最初几年就懂捷克语了，因为我出生在摩拉维亚的一个小村子里，生活在斯拉夫人中间。我17岁那年听到的一首捷克童谣深深地印在了我的记忆里，时至今日，我不用费力就能背出来，尽管我对它的意思一窍不通。因此，这些梦与我童年的那些印象也存在着种种联系。

在最近一次的意大利旅途中，经过特拉西美诺湖时，我看到了台伯河,但由于行程安排,我不情愿地在离罗马50英里的地方折往他处,最后我发现自己童年时代的印象更加强了自己对"永恒之都"的渴望。我计划第二年经罗马去那不勒斯旅行时,突然想起了以前一定是在一部德国名著中看过这句话:"他计划好去罗马后,越发不安,在房间里走来走去,是当温凯尔曼副校长,还是当汉尼拔大将军,这是一个问题。"我自己已经步了汉尼拔的后尘,像他一样,我也注定看不到罗马。(汉尼拔在所有人都盼望他进军罗马时,却去了坎帕尼亚。)在这一点上和我相似的汉尼拔,曾经是我高中时代最喜欢的英雄。像许许多多同龄的男孩一样,我不是同情迦太基战争中的罗马人,而是同情迦太基人。此外,当我最终认识到身为犹太人的后果,班里同学反犹太主义情绪迫使我要采取明确立场时,汉尼拔的形象在我的思想中越发高大。在我朝气蓬勃的眼里,汉尼拔和罗马象征着犹太人的坚韧和天主教组织之间的斗争。随后的反犹太主义运动对我的情感生活产生了重要的影响,巩固了早年的思想和印象。因此,去罗马的心愿在我的梦想生活中已经成为许多热切愿望的伪装和象征,因为这些愿望的实现必须具有汉尼拔的坚韧和专心,尽管满足这些愿望有时就像汉尼拔一生都想进军罗马城一样遥远。

而现在,我第一次偶然想起了年轻时的那段经历,至今它仍对所有的感情和梦发挥着作用。当时,我大约11岁,父亲开始每天带着我散步,并谈论他对世事的看法。有一次,他告诉了我一件事,向我说明我出生的时代比他那时快乐。他说:"我年轻时,有个星期六,我沿着你出生的那个村子的街道散步。我穿着考究,头戴一顶新皮帽。这时,迎面来了一个基督教徒。他一下把我的帽子打进泥里,吼道:'犹太人,从人行道上滚开!'"我忍不住地问道:"那你是怎么做的?""我走到街上,拾起了帽子。"他平静地回答说。对一个身高体壮、拉着我这个小个子的手的男人来说,这似乎不算英雄。我把这个让我不快的情景和另一个与我的情感更融洽的情景进行了对比。另一个情景就是汉尼拔的父亲哈米尔卡·巴尔加斯让汉尼拔在家族祭坛前发誓,要向罗马人复仇。从那以后,汉尼拔就在我的幻想中有了一席之地。

我想,我对汉尼拔的崇拜还可以进一步追溯到我的童年,因此这也许只是一个把已经建立的情感关系转移到新媒介的例子。童年时,我学会看书后,看的第一本书就是席尔的《执政与帝国》。我记得,我把帝国将领的名字写在小标签上，贴在我的木偶士兵的后背上。当时，马塞纳（一位犹太将领）是我自认为最喜欢的将领。毫无疑问，这种偏爱还可以解释为100年后我出生在同一天。拿破仑本人之所以自比汉尼拔，是因为他同样越过了阿尔卑斯山。也许这种尚武理想的发展可以追溯到我3岁时，因为我和比自己大一岁的男孩时友时敌的关系，肯定会激发两个人中较弱一方的好战愿望。

我对梦分析得越深入，会发现童年的体验越多，因为这种体验会在梦念中发挥梦来源的作用。

我认为，梦很少以一种没有变化和没有删节的方式构成显梦，再现记忆。不过，也曾经记录过几个真实再现的梦例。我可以再补充几个新梦例，这些例子又一次涉及童年的情景。有一次，我的一个患者在梦中重现了几乎没有变形的一次性事件，这马上被公认为一次精确的回忆。这个记忆在清醒状态中从来没有完全消失过，但已经变得非常模糊，在前面分析后才重新记起。做梦者12岁那年曾经去看望一位久病不起的同学。那位同学在床上也许只是一个偶然动作，把身体露了出来。看到那位同学的生殖器后，他也不由自主地露出了自己的身体，并握住了对方的生殖器。那位同学又惊又气地望着他。于是，他变得非常尴尬，松开了手。23年后，这个情景又出现在了梦中，伴随情绪的所有细节也出现在了梦中，但这个梦发生了变化，做梦者扮演的是被动角色，而不是主动角色，一个同龄人代替了原来那位同学。

当然，童年的情景通常只以隐喻方式表现在显梦中，而且必须通过解析，才能厘清头绪。这类梦的引证很难让人信服，因为缺乏证人来证明它们确实是童年的体验。如果它们是在更早时期，我们的记忆就会再也无法辨认出来。得出这种童年的体验在梦中再现的结论，要靠心理分析工作提供的大量因素加以证实。这些因素在相互结合的过程中似乎非常可靠。但是，为了梦的解析，这些对童年体验的证明脱离了前后情节，尤其是我不能提供解析依据的所有材料，它们似乎可能很难给人留下深刻印象。

第三节　梦的肉体刺激的来源

如果我们试图让一个有教养的普通人对梦的问题感兴趣，并为这个目的问他,梦的来源是什么,那么,我们通常会发现,他对自己知道的这部分解释都相当有把握。他马上会想到,梦的形成是受到消化障碍("梦由胃部引起")、身体偶然的姿势、睡觉时发生的琐碎小事等的影响。但除这些因素以外,还有一些事情有待解释。

我详尽地研究过一些学者的意见,他们认为肉体刺激对梦的形成发挥了作用,所以我在这里只需要回想一下这个探究的结果。肉体刺激可分为三种:一是外物引起的客观存在的感官刺激;二是只有主观现实的感官兴奋的内在状态;三是产生于身体内部的肉体刺激。我也注意到,这些论述梦的学者倾向于把梦的精神来源强行推入不显眼的位置,因为梦的精神来源可能和肉体刺激同时运作或完全把它们排除在外。在检验了代表这些肉体刺激的主张之后,我认识到了客观存在的感官刺激的重要性——无论是睡眠期间偶然发生的刺激,还是无法排除这些梦中意象和意念与身体内部刺激的休眠关系,并通过实验加以证实。主观察觉的感官刺激扮演的角色似乎从梦中重现的休眠感官意象展现出来。尽管无法彻底证明这些梦中意象和意念与身体内部刺激的关系,但不管怎样,消化器官、泌尿器官和性器官的兴奋状态对显梦产生的影响,已经得到了证实。

因此,"神经刺激"和"肉体刺激"会成为梦的解剖学的来源。许多学者认为,那是梦的唯一来源。

但是,我却认为有好几个疑点,这些疑点似乎不是怀疑肉体理论的正确性,而是怀疑它的合适性。

虽然提出这种理论的学者对它的事实根据很自信,尤其是偶然的和外界的神经刺激,因为这可以毫不困难地在显梦里认出来,但他们似乎都承认,梦中发现的这些意念的丰富内容不可能单独来自外部刺激。在这方面,玛丽·惠顿·卡尔金斯小姐曾经对她自己的梦和另一个人的梦测试了6个星期,随后发现,外部感官知觉分别占这些梦的13.2%和6.7%。在收集的所有梦中,只有两个梦可能和器官的感觉有关。这些统计数字进一步证实了,我根据自己的经验进行的匆匆调查肯定会使我产生怀疑。

经常有人把梦分为神经刺激梦(这已经进行了全面的调查研究)和其他形式的梦。例如,斯皮塔曾经把梦分为神经刺激梦和联想梦。但是,如果不能指出梦的肉体来源及其观念内容之间的联系，这个解释仍不能令人满意。

除了第一种"外部刺激来源并不多见"的反对意见，还出现了第二种反对意见，也就是用这种来源解释梦的理由不够充分。这个理论有两件事没有作出解释：第一，为什么在梦中没有认出外部刺激的真实本性，而常常错当成其他事情；第二，为什么感知的心灵对这种误解的刺激产生的反应结果如此变化不定。为了回答这些问题，斯顿培尔主张，因为心灵在睡眠时脱离了外部世界，所以无法正确解析客观的感觉刺激，被迫在来自许多方向的模糊刺激的基础上构建种种错觉。他自己是这样说的（《梦的性质及其来源》）："睡眠时，由于外部神经刺激或内部神经刺激，在心中产生一种感觉、一种感情情结或一种精神过程，并被心灵感知，因此这个过程从心灵中唤起了属于清醒体验范围的感觉意象，也就是说，唤起了早期的感觉，这些感觉要么不加修饰，要么附有精神价值。这个过程仿佛为自身收集了或多或少的意象，来自神经刺激的印象便获得了精神价值。在这方面，一般来说，就像我们通常谈到的清醒过程一样，心灵能解析睡眠中神经刺激的印象。这种解析结果就是所谓的神经刺激梦——梦的成分是按照神经刺激再现原则在心灵生活中产生精神效果这个事实而定。"

在所有基本观点中，和这个学说相同的就是冯特的主张。他认为，不管怎样，梦的观念大部分来自感官刺激，尤其是全身知觉刺激，因此大部分是荒谬的幻觉，可能只有一小部分纯粹记忆观念提升到了幻觉状态。为了按照这种理论阐明显梦和梦刺激的关系，斯顿培尔用了一个绝妙的比喻："就像一个不懂音乐的人十指在琴键上乱弹一样。"这个含义就是说，梦并不是一种源自精神动机的精神现象，而是一种生理刺激的结果，因为受刺激影响的器官无法以其他方式表现，所以就在精神中自行表现出来。基于同样的假设，梅涅特试图以漂亮的比喻解释强迫性观念："钟面上每个数字都强烈地凸显出来。"

尽管这个肉体刺激梦的理论已经流行，但仍可以非常容易地发现它的弱点。每一种在睡眠中引起心灵器官形成幻象的肉体刺激，都可以产生无数这样的解析。因此，这可以在显梦中表现为大量的不同概念。但是，斯顿培尔和冯特的理论无法指出任何种类的动机，来控制外界刺激和选择解析梦念之间的关系，因此无法解释这种刺激经常在生产性活动过程中作出的"奇特选择"（利普斯的《生命灵魂的基本事实》）。其他的反对意见可能是针对错觉理论背后的基本假设——在睡眠期间，心灵无法认出客观知觉刺激的真实本性的假设。生理学家布达赫向我们表明，即使在睡眠中，心灵也可以对到达的知觉印象进行正确解析，并根据这个正确解析予以反应，因为他证明，对睡眠者似乎重要的感官印象也许会被排除在睡眠心灵普遍忽视的范围（如奶妈和孩子）之外，一个人听到自己的名字肯定会比无关紧要的听觉印象容易惊醒。当然，所有这一切都预示着，即使在睡眠时，心灵也能区别各种不同的感觉。从这些观察资料，布达赫推断出，我们必须假定心灵并不是不能解释睡眠状态中的感官刺激，而是对它们没有足够的兴趣。1830年布达赫采用的那些论点，又原封不动地出现在了利普斯的著作（1883年）里，用来攻击肉体刺激理论。根据这些论点，心灵似乎就像趣闻中的那个睡眠者一样，有人问他："你睡着了吗？"他回答说："没有。"但是，当那人又对他说："那借给我10弗罗林。"他却找借口说："我睡着了。"

　　肉体刺激形成的梦理论，还可以从另一个方面进一步证明它有不足之处。观察表明，即使一开始这些刺激就出现在显梦中，外部刺激也不会强迫我做梦。我在睡觉时，为了响应体验到的触摸或压力的刺激，有各种各样的反应供我随意支配。我可以对它置之不理，醒来时才发现自己的一条腿没有盖东西，或者我一直侧躺在一条手臂上。事实上，病理学为我提供了一大堆各种各样的强烈兴奋感觉和运动神经刺激的例子。睡眠期间，这些例子不起任何作用。我在睡眠期间可以察觉到那种感觉，就像常常在痛苦刺激中发生的那样，但没有把那种痛苦编入梦中。我可能会因那种刺激而醒来，只是为了回避它。还有一种反应，即神经刺激可能导致我做梦。其他还有各种与梦的产生同样可能发生的反应。然而，如果做梦的动机在肉体刺激梦的来源之外，这就不会发生了。

　　意识到上述肉体刺激梦的解析有许多漏洞，其他学者——如施尔纳，以及追随他的哲学家沃尔克特都致力于更加准确地确定精神活动的本性，因为这个本性产生了肉体刺激引起的具有各种色彩的梦象。他们将梦的本性问题当成了心理学的一个问题加以考虑，并把做梦看成一种精神活动。施尔纳不仅对梦在形成过程中展现的精神特性进行富有诗意、栩栩如生的描述，而且他相信自己已经发现了心灵处理受到的刺激的原则。根据施尔纳的观点，梦是幻想的自由活动，因为幻想已经摆脱了白天受到的束缚，力争用象征手法再现发生刺激的器官的本性。于是，就有了一种用来指导解梦的书。通过解梦书，可以从梦象推断出肉体的感觉、器官的状况，以及刺激的状态。"猫的意象表示极端暴躁的脾气；浅淡光滑的点心，则表示赤裸的人体。在梦的幻想中，整个人体被想象成一座房子，人体的各个器官则被想象成房子的各个部分。在'牙痛梦'中，拱状门厅相当于口腔，下降的阶梯相当于从咽喉到食道；在'头痛梦'中，爬满令人厌恶的蜘蛛的天花板，用来暗示头的上半部。我们在梦中对同一个器官可以使用许多不同的象征：烈焰熊熊的火炉象征呼吸的肺脏；空盒和空篮象征心脏；圆形袋状物或纯空心物象征膀胱。特别有意义的是，在梦结束时，受刺激的器官及其功能常常会毫不掩饰地表现出来，而且往往是在做梦者自己的身体上。因此，'牙痛梦'一般都是以做梦者从嘴里拔出一颗牙而结束。"我不能说这种解梦理论会受到其他学者的青睐。最重要的是，这似乎言过其实。可以看出，它往往是通过象征手法（古人使用的一种方法）恢复对梦的解析，只是解析范围局限于人体。施尔纳的理论因为缺乏科学理解的解析技巧，所以其适用性必然会受到严重限制。因此，对梦的解析有不确定性，尤其是因为一种刺激可以在显梦里表现为好几种典型象征。因此，就连施尔纳的追随者沃尔克特也无法确定一座房子就代表人体。另外，根据这种理论，梦的活动被看成一种没有用处、没有目标的心灵活动，因为心灵仅仅是满足于根据刺激构成种种幻想，根本不想消除这种刺激。

　　施尔纳的肉体刺激梦的象征理论还受到了另一种反对意见。这些肉体刺激无所不在，而且这种刺激一般被认为是心灵在睡眠期间比清醒时更容易接近。因此，我们无法解释，为什么心灵不是整夜连续做梦，为什么不是每天夜里都梦见所有这些器官。如果一个人企图避开这种反对意见，说特殊兴奋必须先从眼睛、耳朵、牙齿、肠等开始，才能引起梦的活动，那么，又会面临证明增加这种刺激是客观存在的难题。只有极少数几个梦可以得到证明。如果梦中飞翔是肺叶上下运动的象征，那么，就像斯顿培尔曾经谈到的那样，这个梦要么屡次三番地出现，要么可能表明在做这个梦时呼吸更加有力。不过，还有第三种可能性，而且是最大的可能性——有某些特殊动机在起作用，将注意力引向那些平时经常存在的内脏感觉，但这将远远超出施尔纳的理论范围。

施尔纳和沃尔克特的专题论文的价值在于，唤起我注意许多需要解释的显梦特征，这似乎有希望促成新的发现。肉体器官和功能的象征现象确实在梦中出现，这是完全正确的。例如，梦中的水常常表示想小便的欲望，直立的棍棒或柱子等可以象征男性生殖器。展现栩栩如生、五光十色的梦象和其他模糊的梦象比较，我只能解析为"因视觉刺激而引起的梦"。对那些含有噪声和嘈杂人声的梦，我也无法怀疑幻觉形成的作用。例如，施尔纳说过的一个梦：两排头发金黄的英俊男孩面对面站在一座桥上，相互攻击，直到做梦者自己在桥上坐下来，从下颏上拔出一颗长牙，才结束这个梦。沃尔克特也有一个相似的梦：两排抽屉来回拉出推入，最后也是以拔出一颗牙而结束。这两位学者记述大量这种梦的形成，使我不能把施尔纳的理论看成一种没有价值的理论，而不去寻找可能包含在其中的真理内核。因此，我面临的任务就是为所谓的牙齿刺激的假定象征寻找另一种解释。

在我对梦的肉体来源的理论研究中，我没有引述过自己从梦的分析得到的论断。如果利用其他学者都在研究梦时没有用过的一种方法，我就能证明梦具有精神活动的内在价值，一种愿望满足梦形成的动机，前一天的印象提供显梦最明显的材料。那么，任何其他梦理论，只要忽略这种重要的研究方法，从而使梦对肉体刺激出现无用、费解的精神反应，都可以予以否定。否则，就会有两种截然不同的梦（事实上，这却是根本不可能的），一种是根据我们的观察得到，另一种只能由那些早期学者观察得到。为了消除这种矛盾，只有在我的梦理论中，为梦源自肉体刺激这个流行学说依据的事实找到一席之地。

我在这个方向上已经采取了第一步，提出了这个论题，认为梦的工作不得不将所有活动的梦刺激合成一个整体（参见第五章第一节）。如果前一天在心灵上留下两个或两个以上的体验能够形成一个印象，那么，由此产生的愿望就会合成一个梦。同样，假如在两者之间能够建立相互沟通的观念，这些具有精神价值的印象和前一天无关紧要的印象就会合成梦的材料。因此，梦似乎是一种对在睡眠心灵中同时呈现的一切实情的反应。就我之前分析的梦的资料来看，我已经发现，梦是精神残余和记忆痕迹的一种聚集，由于这些精神残余和记忆痕迹优先表现为最近的和幼儿期的材料，因此不得不赋予一种心理现状特性，尽管这种心理现状特性当时还没有确定。我现在不难预测，以感觉形式出现的最新材料在睡眠中加入这些记忆痕迹时，会产生什么样的梦。这些刺激对梦又非常重要，因为它们具有真实性。它们与其他精神现状结合起来，给梦的形成提供了材料。换句话说，睡眠期间发生的刺激，和我们已经熟悉的白天印象留下的精神残余的其他成分，精心合成了一种愿望的满足。然而，这种结合并不是一成不变的，对睡眠期间受到的身体刺激可能有不止一种行为。产生这种合成后，概念性材料充当了显梦，这种显梦表现为各种肉体和精神的来源。

梦的本性不会因肉体刺激加入梦的精神来源而改变。无论它的表现方式是以何种可以利用的真实材料确定，它都是一种愿望的满足。

我想在这里说明，有许多种特性能够改变外部刺激对梦的意义。我认为，个人生理因素和偶然因素，根据瞬间情况的结合，决定一个人睡眠期间受到比较强烈的客观刺激时将如何行动。一种情况是有可能压抑这种刺激，不会打搅睡眠者；而另一种情况则会迫使睡眠者醒来，或者设法将这种刺激编入梦中。根据这些构象的多样性，外部客观刺激的表现次数，也会因人而异。就我自己来说，因为我的睡眠极好，无论什么借口，睡眠期间我都坚持不让自己受到打搅，所以外部刺激的动机很少闯入我的梦中，而精神动机显然会轻而易举让我做梦。事实上，在我的记忆中，只有一个梦与客观痛苦的肉体刺激来源有关，看一下外部刺激在这个特殊的梦里起什么作用，大有裨益！

我骑着一匹灰马，起先提心吊胆、小心翼翼，仿佛我只是被驮着向前走。随后，我碰到一位同事P，他也骑在马背上，身穿粗毛绒，直挺挺地坐在马鞍上。他提醒我一件事（可能是提醒我坐姿很差）。再后来，我觉得骑在这匹非常聪明的马身上，感到越来越熟练，骑得也越来越舒适，而且发现自己骑在上面相当轻松自如。我的马鞍是一种鞍褥，完全占据了马颈到马臀之间的空隙。我骑马走在两辆有篷货车之间，想要超过它们。沿街走了一段距离之后，我转过头，想下马，起先打算停在一座面街的小教堂前，却在这座小教堂附近的另一座小教堂前下了马。旅馆在同一条街上，我可以让马独自去那里，但我更喜欢牵着它到那里。

我好像觉得骑着马到那里会不好意思。旅馆前站着一个侍童,他给我看他找到的我写的一张便条,并以此奚落我。便条上写的字下面画了双线:"不吃任何东西。"然后还有一句话(有些模糊):"不要工作"。同时,我蒙眬地意识到自己在一个陌生城市,并且没有工作。

　　这个梦源自痛苦刺激的影响,或者更准确地说,强迫性的影响。前一天,我长了疖疮,这使我痛苦万分。最后,疖疮在阴囊根部竟然长到了果子那么大,使我每走一步都疼痛难忍。发烧疲乏、食欲不振、当天的艰苦工作和痛苦混在一起,使我心烦意乱。尽管我不是完全不能行医,但由于疾病的性质和部位,因此可以想象,我非常不适合做另一件事,那就是骑马。现在正是这个骑马活动进入了我的梦境,这可能是我对那种疼痛想象到的最有力的否定方式。事实上,我不会骑马,也没有梦见过骑马。在现实中,我只骑过一次马,而且没有马鞍,我也不喜欢那样。但是,在这个梦中,我却骑着马,好像会阴处没长疖疮,或者更准确地说,我之所以骑马,是因为我根本不想长疖疮。从这个描述判断,我的马鞍是能让我入睡的膏药。也许由于十分舒适,因此我睡眠的前几个小时没有感到任何痛苦。随后,我感知到痛感,并试图把我唤醒。于是,梦就出现了,并安慰我说:"继续睡吧,你不会醒的!你根本没有疖疮,因为你正骑在马背上,谁也不会生了疖疮还能骑马!"于是,梦取得了成功,痛苦受到了遏制,我又继续睡了起来。

　　但是,梦并不满足于顽固坚持一个与疾病格格不入的观念,对我的疖疮"敷衍了事"(就像失去儿子的母亲或失去财富的商人引起的幻觉那样举止疯狂)。另外,遭到否定的感觉细节和用来压抑的意象细节都把梦作为一种手段,将心中实际存在的其他材料和梦中情景联系起来,并使这个材料得以再现。我骑着一匹灰马——马的颜色和我上次在乡间见到的同事P穿的椒盐色衣服正好符合。他曾经警告我,吃调味品太多的食物是生疖疮的起因,而病原学比较喜欢解释为糖。自从取代我去治疗一位女患者以来,我的同事P就喜欢像"骑着高头大马"那样对我耀武扬威。其实,我对那位女患者已经取得了显著功绩(在梦中,我起先像特技骑士一样斜坐在马上),但事实上,这位女患者就像"星期天骑士"这个故事里的马一样随心所欲地驮着我跑。因此,马最后就成了代表女患者的象征(梦中,它非常聪明)。"我感到相当轻松自如"是指同事P

取代我在患者家中所处的地位。而且,在忍受这样的痛苦时,我每天还要做8~10个小时的心理治疗,真是一大功德。但是,我知道,如果没有完全健康的身体,我就无法长时间继续这项非常艰辛的工作,而且梦中充满了对处境的抑郁暗示,如果我的病继续发展下去(便条上写的就像神经衰弱患者拿给他们的医生看的),结果就会是:"不要工作,不要吃东西。"进一步解析时,我发现,这个梦的活动已经成功地从骑马的愿望情境,追溯到童年时我自己和比我大一岁(现在住在英国)的侄子吵架的场面。这个梦也吸收了我在意大利旅行时的一些元素:梦中的街道是根据维罗纳和锡耶纳的印象建起的。更深入的解析就会引向性的梦念。我回想起了梦中暗指的美丽乡村应该是指一位从未去过意大利(to Italy,德语为 gehen Italien,近似于 genitals,指生殖器)的女患者的梦。同时,还和我先于同事 P 到达的那个房子,以及疥疮所长的部位有关。

　　在另一个梦中,我也同样成功地避免了一次可能对我睡眠的打扰。这次威胁来自一次感官刺激。然而,这只是出于偶然,才使我发现了梦和偶然刺激之间的关系,这样才了解了这个梦。一个仲夏的早晨,我在提洛尔的一个避暑山庄醒来,梦见教皇死了。我无法解析这个简短的非视觉梦。我可以想起的这个梦唯一可能的依据,也就是不久前报纸报道说,教皇贵体欠佳。但是,当天早上,我的妻子曾经问我:"你今天早晨听到教堂可怕的钟声了吗?"我完全没有听到这钟声,但现在我明白了自己的梦。这是因为我的睡眠需要对那些虔诚的提洛尔人试图用钟声唤醒我作出反应。我通过虚构的显梦对他们进行报复,然后继续睡觉,对鸣响的钟声不再感兴趣。

　　在我分析的这些梦中,有好几个都可以作为例证,来详尽阐述所谓的神经刺激。大口大口喝水的梦就是这样一个例子。这里,肉体刺激似乎是梦的唯一来源,而由这种感觉——口渴引起的愿望,是做梦的唯一动机。我发现其他的梦也非常相似,梦中肉体刺激本身就能产生一个愿望。一个梦见扔掉面颊冷敷器的女患者表现出愿望的满足,是以不同寻常的方式对疼痛刺激作出的反应。患者好像暂时使自己成功地止住了痛苦,把自己的痛苦推到了一个陌生人身上。

　　在加尼尔转述的梦例中,拿破仑一世在诡雷惊醒他之前,他把那种声音编入了一个战役梦,这异常清晰地表明,真正的目的就是让精神活动在睡眠期间主动影响感觉。一位年轻律师因为满脑子都是他办的第一桩破产诉讼大案，所以午睡时表现得就像拿破仑那样。他梦见了自己在那桩破产诉讼案中结识的赫斯廷（Hussiatyn）的莱希先生。但是，他被迫醒来，只是听到患气管炎的妻子正在剧烈咳嗽（husten 在德语中意为"咳嗽"）。

比较一下拿破仑一世（顺便说一下，他的睡眠极好）的梦和那个嗜睡学生的梦。女房东曾经唤醒那个学生，并提醒他得上医院去了。于是，他梦见自己正躺在医院的一张床上，继续睡了起来。潜在的推理是这样的：如果我已经在医院，那我就不必起床去那里了。显然，这是一个方便梦，睡眠者在做梦时坦率地承认了自己的动机。但是，他因此泄露了通常做梦的一个秘密。在某种意义上，所有的梦都是方便梦。它们服务的目的是继续睡眠，而不是惊醒。梦是睡眠的保护者，而不是干扰者。关于唤醒梦的那些精神因素，我将有必要在另一处证明这种观念。但我已经能够证明，它可以适用于客观的外部刺激。如果心灵能以这种态度反对刺激的强度和充分意识到的重要意义，要么在睡眠期间根本不会关心感觉的起因，要么会利用梦来否定这些刺激，要么不得不承认这些刺激，并寻求对它们的解析。这些解析将会再现与睡眠相容、作为渴望得到一部分情景的真实感觉。为了剥掉真实感觉本身的现实性，它被编入了梦中。拿破仑能继续睡觉，是因为试图干扰他睡眠的不过是对枪炮声的梦中回忆。

因此，睡眠愿望——意识的自我调整。梦的审查作用和后文要提到的"润饰作用"，都代表自我对梦的贡献，必须始终看作梦形成的一个动机，而且每一个成功的梦都是这种愿望的满足。这种普普通通、不断出现、经常不变的睡眠愿望与显梦不时满足的其他愿望的关系，将会成为以后考虑的主题。在睡眠愿望中，我发现一种动机可以弥补斯顿培尔和冯特理论的不足，并可以说明对外部刺激解析的反常和任性。睡眠的心灵完全可以对外部刺激进行正确解析，会包含主动兴趣，也会要求睡眠者醒来。因此，在对外部刺激的一切可能的解析中，只有合乎睡眠愿望的专项检查，才会得到承认。例如，梦中情境的逻辑会是这样："那是夜莺，不是云雀。"因为如果是云雀，爱的夜晚就会结束。从得到承认的对外部刺激的解析中，经过挑选，能够获得与潜伏在心灵中的欲望冲动的最好联系。因此，梦中的一切都确定无疑，没有任何的反复无常。错误解析不是一种错觉，而是一种借口——如果你愿意这样说的话。我在这里再次指出，当梦的审查作用通过移置进行替代时，我们的正常精神过程就会发生偏差。

如果外部神经刺激和内部肉体刺激的强度足以迫使心灵注意，并且它们导致做梦而没有惊醒，它们就会表现为梦的形成的焦点、梦的材料的核心，因为寻找一种适当的愿望，就像在两种精神的梦刺激之间寻找中介意念一样。在这种程度上，适合于肉体元素支配显梦的许多梦。在这种极端梦例中，甚至确实没有活动的一种愿望，可能为了梦的形成而被唤醒。但是，梦无非是代表某种情境下愿望的满足，它面临的任务似乎是通过特定的感觉，发现由此得到满足的某种愿望。即使这种特定的材料带有痛苦或不快的特性，它对梦的形成也不无裨益。精神生活对满足时引起不快的那些愿望可以任意支配，这好像是一种自相矛盾。但如果我们考虑到两者之间存在两种精神力量和审查作用，就会变得完全可以理解。

我们已经看到，精神生活中存在种种被压抑的愿望。这些愿望属于原发性系统，而它们的满足则遭到继发性系统的反对。我们并不是从历史性的意义来说，即这些愿望曾经一度存在过，后来遭到了毁灭。在精神病研究需要的抑制作用学说主张中，这些压抑的愿望仍然存在。但是，同时又有一种压迫它们的作用。当说到这些冲动的抑制作用时，suppression 正好表达了这个词的原意（向下压）。那种能使受压制的愿望得以实现的精神机制保持着存在状态和工作秩序。但如果这样一个受压制的愿望得到满足，继发性系统（具有意识力）遭到失败的抑制作用就会表现为不快。如果睡眠期间产生一种源自肉体的不快特征，梦的活动就会利用这种感觉来获得满足，因为另一种受压抑的愿望或多或少还保持审查作用。

这种说法可以解释许多焦虑梦，而与愿望理论相反的其他焦虑梦，则表现为一种不同的机制。因为梦中焦虑肯定带有神经官能症的特点——源自心理性欲的兴奋，在这种情况下，焦虑就相当于被压抑的原欲。因此，这种焦虑，就像整个焦虑梦一样，具有心理症状的意义。我们面临梦中愿望倾向到何处会落空的问题。但是，在其他焦虑梦中，焦虑感则来自肉体因素（比如肺脏病患者或心脏病患者，偶然会呼吸困难），然后它用来帮助那些受到强烈压抑的愿望在梦中得到满足，因为这些愿望从精神动机进入梦中，那份焦虑也会得到释放。要调和这两种显然矛盾的情形并不难。当两种精神构成物（一种是感情倾向，另一种是观念内容）关系密切时，只要其中一个确实存在，即使在梦中，也会唤起另一个。来自肉体的焦虑唤起了受压抑的观念内容，然后变成了伴有性兴奋、得到释放的观念内容，从而促成了焦虑的释放。在一种情况下，由肉体决定的感情在精神上得到了解析；在另一种情况下，尽管一切都来自精神因素，但与焦虑相符合的肉体解析，可以很容易代替曾经受到压抑的内容。妨碍我们理解所有这一切的种种困难都和梦没有关系。它们应归于这样一个事实，那就是在讨论这些要点时，要涉及焦虑和压抑的演变问题。

毫无疑问，来自身体内部的主要梦刺激，肯定包括全身性的肉体感觉。它不仅可以提供显梦，而且能强迫梦念去选择出现在显梦中的材料，就近选取适合梦的性质的部分，而疏远其他部分。此外，前一天遗留下来的感觉，肯定和对梦有重要意义的精神残余有关。而且，这种感觉本身在梦中可以保持不变，也可以发生变化。因此，如果它是痛苦的感觉，就可以变成它的对立面。

如果睡眠期间来自肉体的刺激，也就是睡眠的感觉不具有不同寻常的强度，那么，根据我的判断，它们在梦的形成中所起的作用，就类似于那些最近遗留下来的无关紧要的白天印象。我是说，如果它们能和来自梦的精神来源的观念内容相互结合，在梦的形成中就可以利用，而不是用其他方式。它们会被当成一种便宜的现成材料，只要需要就可以利用，而不是当成珍贵材料，要严格按照规定的方法。我可以打一个比喻：一位鉴赏家给一位艺术家一块宝石，让其雕刻成一件艺术品。这时，宝石的大小、颜色及其纹理，有助于决定表现什么样的主题或情境。如果艺术家处理的是一件像大理石或砂石这种俯拾皆是的材料，那他只凭自己脑海里想象的观念就可以了。在我看来，只有这样，才能解释这个事实，普通强度的肉体刺激提供的显梦，并不是每天夜里都会出现在梦里。

也许再举一个解梦的例子就能完美阐明我的意思。有一天，我想尽力搞清抑制感觉、无法动弹、力不从心等的意义，这种感觉常常出现在梦中，而且和焦虑密切相关。那天夜里，我做了下面这个梦：我衣着不整，从楼下走向楼上。我上楼梯时每次跨三个台阶，发现自己上楼梯很快，心里非常高兴。突然，我注意到一个女人正从楼梯上朝我走下来。我感到不好意思，想马上走开。这时就产生了抑制的感觉，我像被粘在了楼梯上，动弹不得。

分析：这个梦中情境来自每天的真实情况。我在维也纳的一座房子里，有两层套间，只有主楼梯上下相连。我的诊疗室和书房在楼下，卧室在楼上。我每天深夜在楼下完成工作，才上楼去卧室。做梦前的那天晚上，我确实衣着不整，走了这段短短的距离（我解开了衣领、领结和袖口）。而在梦中却更进一步，达到了赤身裸体的程度，但像平常一样模糊不定。我上楼习惯一次跨两三个台阶。甚至在梦里也可以看出一种愿望的满足，因为我上楼轻松自如，使我对自己的心脏状况感到放心。此外，我上楼的这种方式和梦后半部分受到抑制的感觉形成了有效对比。这向我表明，梦可以毫不困难地把运动神经动作表现得淋漓尽致。

但是，我向上走的楼梯并不是我家房子的楼梯。起先，我没有认出它来，是向我走来的那个女人告诉我，这是什么地方。这个女人是一位老太太的女佣，而我每天出诊两次，去为这位老太太打针。那些楼梯也正好和我每天都要爬两次的这位老太太的家相似。

这些楼梯和这个女人怎么会进入我的梦中呢？那种衣着不整的羞耻感毫无疑问带有性的特征。梦中的女人比我年龄大，粗暴无礼，毫不迷人。这些疑问使我想起了下面这件事：我每天早上去这座房子时，常常有一种想清清嗓子的欲望，于是痰就落在了楼梯上。两层楼之间根本没有痰盂，所以我认为楼梯要保持干净，应该提供痰盂。女佣是一个爱干净的女人，对这件事持不同看法。她总是暗中监视我，看我是否又随便吐痰。如果她看到我这样做，我就能清楚地听到她发牢骚。以后几天，我们相遇时，她都拒绝像往常一样以尊敬的姿势和我打招呼。做梦前那天，女佣对我的恶劣态度进一步加强了我对她的反感。我像往常一样刚给患者匆匆看过病，女佣就在前厅面对我说："医生，你今天不妨擦擦皮鞋，再进这个房间，红地毯又让你的鞋给弄脏了。"这就是楼梯和女人出现在我梦中的理由。

在我跃步上楼和在楼梯上吐痰之间有一种密切关系。咽炎和心脏病都应该是对吸烟恶习的惩罚，因为这种恶习，我自己家的女佣也认为我很不整洁，所以我的名声在这两家都受到了损害，而我的梦却把这两件事合二为一。

我必须推迟对这个梦的进一步解析，直到我能指出衣着不整这个典型梦的来源。同时，我从刚才叙述的梦得出一个暂时的推论，运动受到抑制的梦中感觉，总是在某种前后情节需要它时，才会在某一点上激起。睡眠期间，我的运动神经系统的一种特殊状况对显梦不负责任，因为就在此前不久，我发现自己轻快地跳上了楼梯，好像是为了证实这个事实。

第四节 典型梦

一般来说，如果一个人不愿提供给我隐藏在显梦背后的潜意识想法，我就无法解析他的梦，因此我的解梦方法的实际应用就会常常受到严重限制。每个人都习惯随意赋予自己的梦中世界特殊的个性，从而使人难以理解，但也有一些完全相反的梦。因为每个人梦见的很多都几乎相同，所以我习惯认为，这种梦对每个做梦者都具有相同的意义。人们对这些典型的梦特别感兴趣，因为无论是谁梦见，大概都来自同一来源，所以它们好像特别适合为我提供梦来源的信息。

因此，我特别期望能继续把自己的解梦技巧试用在这些典型梦上。只是我不愿承认，正是在这种材料上，我的方法没有得到完全核实。在解析典型梦时，我常常无法从做梦者那里获得联想，因为这些联想在其他情况下会引导我去理解梦，否则，这些联想就会混乱不足，无法帮助我解决问题。

为什么是这种情况，以及我如何才能弥补技巧中的缺陷，将是后面一章讨论的要点。随后，读者就会明白，我为什么能在本章只涉及少数几组典型梦，也会明白我为什么推迟了其他方面的讨论。

一、尴尬的裸体梦

有人梦见自己在陌生人面前赤身裸体或穿得很少，有时对自己的状态根本没有羞耻感。但是，只有在感到羞耻和尴尬，想逃跑或隐藏，却无法动弹，完全无力改变那种痛苦情境，产生奇异的压抑感时，裸体梦才需要注意。只有在这种情况下，才算是典型梦，否则，其内容的核心可能会包含其他各种关系，或者可能会因人而异。这种梦的要点就是一个人要有一种羞耻的痛苦感，通常急于以运动方式掩藏自己的裸体但又无能为力。我相信，大多数读者都曾经在梦中发现过自己处在这种情境之中。

暴露的特征和方式常常相当模糊。可能做梦者会说："我当时穿着内衣。"但是，这很少会是一种清晰的景象。在大多数情况下，这种缺少衣着的景象非常模糊，所以叙述起来，常常是模棱两可："我当时穿着内衣或衬裙。"通常，这种缺少衣着的程度还没有严重到感到羞耻的地步。对一个曾经在军队服役的人来说，裸体常常由违反军规的着装方式代替。"我没有佩带军刀走在街上，随后看到一些军官迎面走来""我没有戴领章""我穿着一条方格便裤"等。

一个人感到羞耻时，在场的几乎总是一些陌生人，他们的面孔始终模糊不清。在典型梦中，一个人因缺少衣着而感到难堪，从来不会引起外人的责骂或注意。相反，梦中的那些人似乎完全漠不关心；或者，就像我在一个特别清晰的梦中所能看到的那样，他们都是僵硬、严肃的表情。这给我提供了思考的资料。

做梦者的尴尬处境和旁观者的漠不关心构成了经常在梦中出现的一种矛盾。如果那些陌生人惊讶地看着他、嘲笑他或感到非常愤怒，那一定会更符合做梦者的感情。然而，我认为，这种可憎的感情已经为愿望的满足所取代，而做梦者的尴尬处境却因某种原因保留了下来，因此梦的两个部分互不协调。我可以有趣地证明，我们对部分为满足愿望而变形的梦还没有真正理解。因为安徒生就是以此为基础写出了家喻户晓的《皇帝的新衣》，最近弗尔达更是以诗情画意的手法写出了《护身符》。安徒生的童话告诉我们，有两个骗子为皇帝编织了一种贵重的衣服，但只有善良和忠诚的人才能看到。于是，皇帝就穿上这件看不见的衣服向外走。由于这件虚构的衣服充当了一种试金石，因此人们都吓得装作没有注意到皇帝的赤身裸体。

但是，这确实是我们梦中的情境。不妨假设这种难以理解的显梦已经提供了产生衣不遮体状态的一种动机，这就给存在于记忆中的情境赋予了一种意义。因此，这种情境就被剥夺了原有的意义，被迫充当了相异的目标。然而，我们将会看到，这种对显梦的误解经常出现在继发性精神系统的意识活动，并会被看成梦的最后形式的一种因素。此外，我们还将看到，在强迫性观念和恐惧症的发展过程中，类似的误解（当然是指在同样的精神人格中）也发挥决定性作用。甚至可以详细说明这个梦的新材料取自何处。骗子就是梦，皇帝就是做梦者本人，而且道德倾向露出了那个事实的模糊迹象，那就是在梦念里有被禁止的愿望——受压抑的牺牲品的问题。在我对神经官能症患者的分析中，从梦的前后情节来看，这种梦无疑是以做梦者童年最早期的记忆为基础。只有在我们的童年，亲戚、陌生的保姆、佣人和客人才会见到我们那样穿戴不整，而且当时我们对自己的赤身裸体并不感到羞耻。可以看到，对很多长大了一些的孩子来说，不穿衣服对他们有一种令人兴奋的作用，而不是感到羞耻。他们哈哈大笑，跳来跳去，拍打自己的身体，而母亲或者其他在场的人都会斥责他们说："真丢脸，不要再那样做了！"孩子常常有一种展示自己的欲望。我们随便走过哪个村庄，总能碰见小孩子在我们面前掀起自己的衣服，也许这是在致敬呢。我的一个患者曾经保留了他8岁时的记忆：脱衣服上床后，他想穿着衬衣到妹妹的房间里跳舞，但被佣人制止了。在神经官能症患者的童年中，在异性面前裸露自己的记忆有重要的意义。在穿衣服或脱衣服时都觉得有人在偷看的妄想症患者的错觉中，都可以直接追溯到这些记忆。而在那些行为倒错的患者中，有一类人的幼稚冲动已经发展到了症状的地步，那就是暴露症患者。

　　童年这个时期不知道什么是羞耻感，日后回忆起来仿佛是天堂，而天堂本身只是每个人童年的一大堆幻想。这就是人们在天堂里总是赤身裸体不知害羞的原因，直到羞耻之心觉醒的时刻到来，人们才被逐出天堂，性生活和文化发展才开始。梦每天夜里都能把我们带回这个天堂。我曾经大胆推测人们最早的童年时期（从记忆前的时期到大约3岁）的那些印象，都渴望为了自己的利益而再现，也许没有进一步涉及其内容，因此它们的再现就是一种愿望的满足。那么，裸体梦就是暴露梦。

　　暴露梦的核心是做梦者本人的形象，看到的不是儿童的形象，而是现在的形象。由于后来穿了部分衣服的无数情境的重叠和出于对审查作用的考虑，因此衣着不整的景象模糊显现。此外，还要加上使做梦者感到羞耻的那些在场人的形象。我知道，在这些裸露情境的梦中，从来没有再现过童年裸露时的真正旁观者，因为梦从来不是一个简单的回忆。

奇怪的是，那些是童年时性兴趣对象的人统统不再出现于梦、癔症或强迫症中。只有在妄想症中又出现了那些旁观者，而且狂热地相信他们的存在，尽管仍然看不见他们。梦中代替这些人的是不注意那种尴尬场面的陌生人，正是做梦者想对自己熟悉的那个人裸露的一种反愿望。此外，"许多陌生人"常常在梦中产生其他各种联系。作为一种反愿望，它们总是代表一种秘密。可以看出，即使旧事在妄想症中再现，也符合这种反倾向。做梦者不再是单独一个人。他肯定会被人观望，但这些旁观者是许多素不相识、形象模糊的人。

此外，压抑作用在这种暴露梦中也找到了一席之地，因为梦中的不快感觉肯定是继发性精神力量，对审查制度反对成功出现裸露情境作出的反应。唯一避免这种感觉的方法就是不要再现那个情境。

在后面一章中，我将再次讨论压抑的感觉。在我们的梦中，它完全是代表一种意愿的冲突，是一种否定。根据我们潜意识的目标，暴露是一种"前进"，而对审查制度来说，它却是一种"终结"。我们的典型梦与童话、其他小说和诗歌的关系，既不是巧合，也不是意外。有时，诗人敏锐的洞察力可以分析、辨认出转变过程；在其他方面，诗人则是一种工具，从相反方向追查到底，也就是说，追溯一首诗到梦境当中。一位朋友曾经要我注意凯勒的《绿衣亨利》中的一段："亲爱的李，我想你永远不会了解到，奥德赛赤身裸体、浑身泥泞出现在娜西卡和她的玩伴面前时体验到的那种微妙辛辣的情境！你想知道那是什么意思吗？让我们仔细考虑这件事。如果你远离家乡和亲人，漂泊异乡；如果你历尽沧桑；如果你忧虑伤心，也许悲惨凄凉到了极点，那你某个夜晚就会不可避免地梦见自己快要回到了家乡。你会看到家乡灿烂绚丽，呈现出最可爱的景色。可爱亲切的人们都会来迎接你。于是，你会突然发现自己衣衫褴褛、赤身裸体、满身灰尘。一种难以形容的羞耻感和恐惧感一下子攫住了你。你想遮盖自己，想躲藏起来，随后你冒着冷汗从梦中惊醒。只要人性存在，就会做这种忧心忡忡、风雨颠簸的梦，因此荷马就从最深刻的永恒人性中汲取了这个情境。"

什么是诗人普遍希望在听众心里唤起的最深刻的永恒人性呢？而这些精神生活的激动人心的情绪植根于童年那个阶段，后来就不记得了。现在受到抑制和禁止的童年愿望闯入梦里，躲在没有争议、得到许可的愿望后面。正因为如此，娜西卡的故事中具体化的梦才顺理成章地演变成了一种焦虑梦。

我自己匆匆上楼梯，随后又变成像胶水一样粘在楼梯上的梦，同样是一种暴露梦。因为它揭示了这种梦的基本成分，所以它可以追溯到我童年时的种种体验。而了解这些，才能使我推断，女佣对我的行为（如她责备我弄脏了地毯）能在何种程度上帮助她保住在梦中占有的地位。现在，我确实能提供理想的解释。在心理分析中，一个人要学会通过材料的联系，解析时间的接近度。两个没有明显联系，却连续出现的思想，属于需要解释的一个整体，就像连写 a 和 b 必须读成 ab 一个音节那样。梦之间的相互关系也是一样的。上楼梯的梦取自一个系列的梦，我对梦中的其他成员都熟悉，已经对他们做了解析。包含在这个系列中的梦一定属于同一的前后关系。这个系列中的其他梦是以一个保姆的记忆为基础，因为我从吃奶到 2 岁半曾经托养于她一段时间，而且对她的一种模糊记忆仍保留在我的意识中。根据最近我从母亲那里得到的消息，她又老又丑，但非常聪明。根据我从自己的梦推断，她待我并不是很亲，而且在我不理解清洁的必要性时，对我说话非常严厉。因为患者家的女佣尽力想在这方面对我继续教育，所以她在我的梦中被看成这个保姆的一种化身。

二、亲人死亡的梦

另一系列的典型梦，其内容都是父母、兄弟、姐妹、儿女等亲人死亡。我们可以把这种梦分成两类：一类是做梦者无动于衷；另一类是做梦者为亲人的死亡深感悲痛，甚至在睡梦中也通过流泪来表达这种悲痛。

我们也许会忽略第一类梦，它们根本算不上是典型梦。如果分析这种梦，就会发现它们表示的不是包含在其中的东西，而是蓄意掩饰另一种愿望。一个女人梦见姐姐唯一的儿子躺在棺材里的梦就是这一类。这个梦并不是说她希望自己的小外甥死去，这仅仅是隐藏着想要再见到某个人的愿望——这是她很久以前在另一个外甥的葬礼上见到过的一个人。这个愿望才是梦的真正内容，根本没有理由伤心，因此梦中也就不感到悲伤了。在这里可以看到，梦中感情不属于梦的显意，而属于梦的隐意，而且情感内容仍然保持不变，要变的是观念内容。

另一类梦则使做梦者想象到亲人死亡，引起悲痛的情感。就像梦的内容告诉我们的那样，做梦者可能希望梦中那个人死去。因为我在这里可以预料到，我的读者和曾经做过这种梦的人的感情会使他们拒绝我的解释，所以我必须在最广泛的基础上提出自己的证明。

我曾经引证过一个梦，从中可以看到，在梦中表现得到满足的愿望，并不总是目前的愿望。它们也可能是过去抛弃、隐藏和受到压抑的愿望。不过，仅仅因为它们再现于梦中，就必须把它们归为一种继续存在。它们并不像已经死去的那些人在我们所知的死亡观念上失去生命，而是像《奥德赛》中的那些幽灵，一喝到鲜血就在某种程度上苏醒。一个女人梦见孩子死在盒子里的梦就包含了一个已经存在了15年的愿望，做梦者当时坦率承认确实是真的。此外，这也许是重要的梦理论的观点——做梦者最早的童年回忆也是这个愿望的基础。当做梦者还是小孩子时，她听说她的母亲在怀她期间曾经陷入了极度的情绪沮丧之中，脾气暴躁，盼望这孩子会胎死腹中。等到她长大怀孕时，她不过是在学母亲的样子而形成了这样的梦。

如果任何人梦见自己的父母、兄弟或姐妹死去，而且他们的梦表现出悲伤之情，那么，我绝不会引用这个梦来证明他们是盼望亲人中的任何人现在就死去。梦理论不需要这个来证明，它满足于推论，做梦者曾经希望亲人在自己童年的某段时间死去。然而，我担心，这个限制不足以平息对我的批评。他们可能会极力否认自己曾经有过这种想法，就像他们极力抗议现在有这种想法一样。所以，我必须在目前证据的基础上，重建一部分潜藏起来的童年心理状态。

首先考虑做梦者和他们的兄弟姐妹之间的关系。我不知道，为什么有的人预先假定兄弟姐妹一定会相亲相爱呢？成年兄弟姐妹之间存在敌意的例子很常见，我们常常能证明这种疏远来自童年或总是存在这个事实。此外，许多人在童年时兄弟姐妹之间几乎成天势不两立，如今却相互关爱、彼此接济。年长儿童虐待年幼儿童，对他恶语中伤，抢夺他的玩具；年幼儿童敢怒不敢言，对年长儿童既忌妒又害怕，他最早争取自由的冲动和他第一次抗议不公平，就是针对压迫他的人。父母说，孩子们意见不合，却找不到原因。其实不难看出，即使一个行为端正的孩子的性格，也不是我们希望在成人身上寻找的那种性格。孩子完全是以自我为中心，他感到自己强烈的需求，不顾一切地去寻求满足，特别是当竞争者出现时（其他的孩子，但大多是自己的兄弟姐妹），他会更加全力以赴。然而，我们并不因此称他是"坏孩子"，而只是称他"顽皮"。他对自己的恶劣行为，无论是以自己的判断或以法律的眼光，都无法负责。在我们看作童年的人生阶段，利他主义的冲动与品德将会在这个"小利己主义者"心中苏醒，用梅涅特的话说就是，一个继发性自我将会覆盖和抑制原发性自我。当然，品德并不在所有方面同时发展。此外，童年"非道德时期"的持续时间也因人而异。如果这种品德没有发展，我们会习惯性地称为"退化"，但事实上这是一种发育迟滞。虽然最初的性格已经被后来的性格发展覆盖，但是在癔症发作时，会出现部分最初性格的痕迹。在癔症性格与顽童性格之间可以找到明显的相似之处。另外，强迫症是最初性格蠢蠢欲动时强加的一种超道德观念。

　　许多人现在热爱自己的兄弟姐妹，会为亲人的死去而痛苦，但追溯到童年，他们的潜意识中隐藏着残存的敌对愿望，并能在梦中得以实现。然而，观察三四岁以前的孩子对弟弟妹妹的举止，特别有趣。父母告诉孩子说，鹳鸟已经给他送来了一个新宝宝。孩子详细地端详这个新来的宝宝，然后果断地表达了自己的意见："鹳鸟最好还是再把他带回去！"

　　我认为，孩子能预料因一个小宝宝的出生而可能给他带来的不利条件。我有一位亲戚，她现在和比她小4岁的妹妹相处得很好。但当初她知道母亲要生一个妹妹时，她的回答是："不管怎样，我不会把我的红帽给她的。"如果一个孩子意识到弟弟妹妹会损害他的幸福时，他的敌意也会在这个阶段产生。我还知道一个例子，一个还不到3岁的女孩想勒死摇篮里的婴儿，因为她觉得这个婴儿继续存在不会对自己有什么好处。儿童在人生这个时期可能有一种非常明显和极其强烈的嫉妒心。还有，如果弟弟妹妹不存在了，这个孩子就会再次把全家人的关爱吸引到自己身上。如果鹳鸟再送来一个新宝宝，为了像弟弟妹妹出生前或死亡后那段时间那样开心，这个孩子就可能自然地希望新宝宝遭到像早先那个孩子一样的命运。当然，在正常状态下，这个孩子对弟弟妹妹的这种态度，仅仅是一种年龄差异产生的结果。经过一段时间之后，年龄较大的女孩对无助新生儿的母性本能就会被唤醒。

　　童年时期，孩子对兄弟姐妹的敌对情绪远比成人观察到的频繁。对我自己的孩子来说，因为他们是一个紧挨着一个出生的，所以我失去了这样观察的良机。因此，我只能观察我的小外甥，他在家中的"统治"在 15 个月后因妹妹的出生而终结。我听说，刚开始的时候，小外甥对妹妹很有骑士风度，又是吻她的手，又是抚摸她。但是等到妹妹开始咿呀学语时，他就用新学的语言批评起来，因为在他看来，妹妹是一个多余的人。无论什么时候话题转向妹妹，他总要插话，生气地大声喊道："太少（小）了，太少（小）了！"最近几个月，因为妹妹发育极好，已经长得不能再受到这样轻视，他又找了一个理由，坚持认为妹妹不应该受到这么多关注。

我另一个姐姐的大女儿，在她 6 岁的时候，花了整整半个小时，一一询问每个姑姑和姨妈："露西还不明白那件事，对吧？"露西是她的竞争者，比她小两岁半。

我总是能遇到这种含有强烈敌意的兄弟或姐妹死亡的梦。例如，我在女患者身上都曾经遇见过，只碰到过一个例外，这可以解析为对这个规则的佐证。有一次坐诊时，我向一位女患者询问是否有过这种梦的经历，因为那天讨论的好像和她的症状有某种关系，让我惊讶的是，她回答说她从来没有做过这种梦。但她做过另一个梦，这个梦好像和这种情况没有关系，她第一次做这个梦是她 4 岁那年，当时她是最小的孩子，从那以后就反复做这个梦："许多小孩子——她所有的兄弟、姐妹、堂兄弟、堂姐妹都在一块草地上欢蹦乱跳。突然，他们都长了翅膀，飞上了天，不见了踪影。"她不知道这个梦的意义，而我们不难看出，这个梦是所有兄弟姐妹死亡呈现的原始形式，但审查制度的影响并不大。我大胆地对此补充分析：这一大群孩子中有一个死了。当时，这个还不到 4 岁的做梦者就问某个聪明的成年人："小孩子死后会变成什么？"回答可能是："他们会长翅膀，变成天使。"这样解释之后，梦中所有的兄弟、姐妹、堂兄弟、堂姐妹现在都像天使一样长了翅膀（这是重要的一点）飞走了。还有另一种解释是，孩子们在草地上欢蹦乱跳，然后从这里飞走，这似乎是指蝴蝶。由此看来，孩子好像受到了意念联想的影响，与古代人以为灵魂都带有蝴蝶般的翅膀的联想一样。

也许有些读者现在会反对说，可能孩子对兄弟姐妹确实有敌意冲动，但幼稚性格怎么会坏到想让对手或比自己强的玩伴死亡的地步呢？好像所有的恶劣行为只有通过死亡来弥补似的。这样说的那些人忘记了孩子对"死亡"观念和成人对这个词的观念是不同的。孩子根本不了解腐烂分解、在寒冷坟墓里瑟瑟发抖的种种恐惧，也根本不知道无限虚无的恐怖。一想起这件事，成人就难以忍受，就像神话证实的那样。孩子对死亡的恐惧是陌生的，所以他们常常会拿这个可怕的词来开玩笑，威胁另一个孩子："你要再这样做，就会像弗兰西斯一样死去。"听到这种话，可怜的母亲会浑身发抖，大概是无法忘记人类中有一大半可能都活不过儿童期。甚至一个8岁的孩子从自然历史博物馆参观回来后，可能会对母亲说："妈妈，我确实非常爱你。如果你死了，我要把你制成标本，竖在这房间里，这样我就能时时刻刻见到你了！"由此看来，孩子对死亡的观念和成人的观念截然不同。

对没有看到过死亡前痛苦景象的孩子来说，死去和离开都是不再打扰还活着的人。孩子分不清导致这种不在场的方式到底是距离、疏远还是死亡。

我通过分析发现，如果在孩子没有记忆的岁月里，一个保姆被解雇，而他的母亲不久后也死去，这两个体验在他的记忆中就会形成一串链接。母亲认识到，孩子不会非常强烈地思念那些不在的人，这让她很伤心。当母亲离开好几个星期后回家时，才知道孩子没有找过一次他们的母亲。但如果母亲真的离开，去"那个未知的地方"，永不再回，起初孩子似乎会忘记母亲，直到后来他们才开始想念故去的母亲。

所以，当一个孩子希望另一个孩子不再有自己的动机时，它会以死亡的形式表现出来，不会以种种限制来阻止掩盖这种愿望。而且，由死亡愿望的梦引起的心理反应证明，不管内容有多大差别，孩子的愿望都和成人的相关愿望是相同的。

因此，如果把孩子希望自己的兄弟姐妹死亡解释为幼稚的利己主义（这是他把自己的兄弟姐妹视为对手），那他对自己父母的死亡愿望又作何解释呢？他的父母给了他爱，要什么给他什么，他应该要求这些极端自私自利的理由吗？

对于这个难题的解决，我们可以通过自己知识的指导，绝大多数父（母）死亡的梦都是做梦者梦见同性的一方死亡，即男孩梦见父亲之死，女孩梦见母亲之死。我认为，这不是经常发生的，但绝大多数情况都是这样的，所以显然需要以具有一般意义的某种因素进行解释。一般来说，这就像一种性的偏爱在童年时感觉到的那样，好像男孩把父亲看作情敌、女孩把母亲看作情敌，只有除去对手，他们才能满足。

在把这种想法斥为荒谬之前，希望读者再想想父母和子女之间的实际关系。我们必须把这种关系中要求的传统行为标准（孝心）和我们日常观察到的事实区别开来。父母和子女之间的关系中经常隐藏着敌意，在许多情况下，这些无法通过审查制度的愿望肯定会出现。首先让我们考虑一下父子之间的关系。我认为，十诫禁令使我们对现实的感觉变得迟钝。也许我们几乎不敢让自己去认识，大部分人性都忘记遵守第五诫。在人类社会的最底层和最高层，对父母的孝心常常在其他兴趣面前贬值。从人类社会原始时期流传下来的神话故事和民间故事中的那些朦胧传说，展现给我们的是父亲专权、冷酷无情的悲惨印象。克洛诺斯像野猪吞噬母猪的一窝幼崽一样吞吃自己的子女；宙斯阉割自己的父亲，取代他做了统治者。在古代家庭中，父亲越专制，作为指定接班人的儿子肯定越采取敌对立场，越迫不及待地想通过父亲死亡，达到至高无上的地位。甚至在我们中产阶级的家庭里，父亲拒绝让儿子自由，拒绝给他获得自由的方法，常常助长父子之间必然固有的敌意的滋长。医生常常有理由认为，儿子对失去父亲的悲痛，无法抑制他最终获得自由的满足感。在我们的现代社会中，父亲常常对陈旧透顶的父权紧抱不放，所以易卜生把父子间源远流长的冲突写入剧作。母女之间的冲突起因于女儿长大渴望真正的性自由而受到母亲的监视，同时母亲提醒女儿要洁身自好，而她自己则已经到了放弃性要求的时候。

所有这些情况对每个人都显而易见，但对那些把孝心看成天经地义的人来说，它们无助于我们解释父母死亡的梦。然而，上述讨论已经为我们寻找童年早期的死亡愿望的来源做好了准备。

就神经官能症的分析而言，进一步证实了这种推测。因为分析告诉我们，孩子的性愿望（如果在他们萌芽状态可以这样称呼的话）很早就觉醒了，女孩最早的感情慷慨地给了父亲，而男孩最早的愿望则是针对母亲。对男孩来说，父亲变成了可憎的对手；对女孩来说，母亲也成了可憎的对手。在兄弟姐妹的情况中，我已经证明，孩子的这种感情是多么容易变成死亡愿望。一般来说，性别选择很快就会在父母的身上显露出来：父亲溺爱女儿，母亲袒护儿子，这是一种自然倾向。只要性的魔力没有损害他们的判断力,父母在培养子女的教育上都非常严厉。孩子完全能意识到这种偏爱,并对反对他的一方表示反抗。对孩子来说,在成人身上找到爱不仅是一种特殊需求的满足,也意味着孩子的意愿在所有其他方面得到了满足。因此,孩子服从自己的原欲。同时,当他的选择和父母的选择相互一致时,就会增强这种促进因素。

这些幼稚倾向的征兆大部分父母都没有注意到。但是,其中一些在童年早期之后仍可以观察到。我认识的一个8岁女孩,每当有人喊她的妈妈离开桌边,她就会趁机接替妈妈说:"现在我就是妈妈。卡尔,你想再要一些蔬菜吗?再多拿一些,拿吧……"一个特别聪明活泼、还不到4岁的小女孩,对儿童心理学的这种特性非常明晰,所以她坦白地说:"现在妈妈可以走了,然后爸爸必须娶我,我就会成为他的妻子。"这种愿望也不排除孩子对妈妈体贴热爱的可能。如果父亲远行,允许男孩睡在母亲身边,而父亲回来后,他不得不回到保姆身边,回到他不喜欢的一个人身边,那么,父亲永远不在家的那种愿望就可能容易产生,这样他就可以继续留在可爱美丽的妈妈身边。父亲死亡显然是获得这种愿望满足的一种手段,因为孩子从经验中得知,死去的亲人(比如爷爷)总是不在家,他们再也不会回来了。

尽管对孩子的这些观察很容易和我提出的解释相合,但对成年神经官能症患者进行心理分析的内科医生其实不会完全相信。神经官能症患者的梦和解释为满足愿望这样一种特性的前提相通。有一天,我发现一位女士神情沮丧、眼泪汪汪。她说:"我再也不想见亲戚了,他们一定对我恨得发抖。"于是,几乎没有任何过渡,她告诉我说,她想起了一个梦,当然她不明白梦的意义。她是4岁时做了这个梦:一只狐狸或猞猁在房顶上走来走去。接着,有什么东西掉了下来,又好像是她自己掉了下来。之后,她的母亲被抬出了房子——去世了。做梦者随即痛哭了起来。我告诉她说,这个梦一定表示她童年时想看到母亲死亡的一种愿望,正是因为这个梦,她才认为她的亲戚对她恨得发抖。我一说完,她又给我提供了解梦的材料。"猞猁眼"是她还很小的时候街上一个男孩给她起的羞辱性绰号。还有,在她3岁时,一块砖或瓦落在她母亲的头上,她的母亲流了很多血。

我曾经对一名经历各种不同精神状态的少女进行过详尽的研究。在开始发病的狂乱状态中，患者对她的母亲表现出一种特别厌恶的态度。只要母亲走近床边，她就对母亲又打又骂，但是她对比自己大得多的姐姐却充满深情、百依百顺。后来出现了一种神志清醒、却相当冷淡的状态，睡觉时动不动就醒。我就是在这个阶段开始给她治疗，并对她的梦进行分析。这些梦经过或多或少的掩饰，都影射女孩母亲的死亡。有时她梦见自己参加一位老太太的葬礼，有时她梦见自己和姐姐身穿孝衣坐在桌边。毫无疑问，可以看出这些梦的意义。在她渐渐好转期间，她又出现了恐惧症，最痛苦的是担心她母亲出事。无论她当时在什么地方，只要一想到这件事，她就得匆匆赶回家看母亲是否还活着。通过这个例子，再加上我其他方面的经验，很有教育意义。这表明了心灵对同一个令人兴奋的意念以不同方式作出的反应，就像数种文字的译文一样。在紊乱状态中，我认为是其他时候受到压抑的原发性精神动因推翻了继发性精神动因，对母亲的潜意识敌意占了上风，然后找到了身体的表现形式。后来，当患者变得较为平静时，反叛得到了平息，审查作用的控制重新恢复，所以这种敌意只有在梦境中才会出现，在梦中实现了母亲死亡的愿望。随后，当正常状态已经得到进一步巩固之后，作为癔症逆反应和防御现象，这又造成了对母亲的过分关心。根据这些因素，癔症少女常常对母亲过分依赖的原因也就不再费解了。

  还有一次，我对一个小伙子的潜意识精神生活进行过深入的了解。一种强迫性神经症使他难以生活，无法上街，因为他感到苦恼，害怕自己遇到什么人都想伤害。他整天都在寻找证据，万一他被指控在城里杀人，就可以证明自己不在犯罪现场。然而，这个人品行端正、很有修养。分析表明在这种痛苦不堪的强迫性观念下，这是谋杀他过分严厉的父亲的冲动。让他惊讶的是，这些冲动在他7岁那年就在意识中表现了出来。当然，这在他童年早期就已经开始了。在他31岁那年，他的父亲因痛苦的疾病而去世后，强迫性的责难就出现了，并以恐惧症的形式转移到了一些陌生人身上。他认为，任何一个想把自己的父亲从山顶推入深渊的人，怎么可能不伤害和自己关系不亲近的人呢？所以，他只好把自己锁在房间里。

  根据我已经获得的广泛经验，父母在所有后来成为神经官能症患者的童年心中占有重要地位。对父母爱一方、恨另一方，形成了童年早期开始的永久性心理冲动的部分原料，也对后来神经官能症的材料具有重要的作用。但是，我相信，神经官能症患者和其他健全人在这方面不会有明显区别——也就是说，我相信这些患者无法创造出完全新颖和独具特色的东西。通过对健全儿童的附带观察，得到了进一步证实：在对父母爱或恨的态度中，神经官能症患者只是通过夸张，向我们展现了在大多数儿童的心灵中出现的不太显著和强烈的东西。一些古老的传说向我们证实了这个主张，只有通过上面提到的儿童心理同样普遍有效，才可以解释那些古老的传说深刻而普遍的有效性。我要谈到的是俄狄浦斯王的传说，即索福克勒斯创作的《俄狄浦斯王》。底比斯国王拉伊俄斯和王后伊俄卡斯达的儿子俄狄浦斯生下来就被抛弃在了野外，因为神谕告诉拉伊俄斯，这个还没有出生的婴儿将是杀害自己的凶手。这个婴儿被人救活后，成了一位邻国的王子。直到后来，俄狄浦斯因自己出身不明，也去请教神谕，神谕警告他说，他要避开自己的出生地，因为他命中注定要杀父娶母。在离开自己信以为真的家乡之后，他在路上碰到了拉伊俄斯。随后，在一次突如其来的争吵中，他打死了拉伊俄斯。俄狄浦斯来到底比斯，在这里解开了挡住通往城市道路的斯芬克斯之谜。于是，他被感恩的底比斯人推选为国王，娶伊俄卡斯达为妻。他在位多年，国泰民安，并和伊俄卡斯达生下了两男两女，直到最后瘟疫暴发，使底比斯人又去请教神谕。使者带回神谕说，杀害拉伊俄斯的凶手一被逐出国境，瘟疫就会停止。可是，凶手在哪里呢？

这个剧本的情节悲剧只在于揭露秘密，步步推进，巧妙延缓，颇似心理分析工作。俄狄浦斯本人就是杀害拉伊俄斯的凶手，而且他就是被害者和伊俄卡斯达的儿子。俄狄浦斯对自己在不知情时犯下的恶行感到震惊，弄瞎了双眼，离开了都城。神谕的预言终于得以实现。

《俄狄浦斯王》是一部命运悲剧，悲剧的效果在于神的全能意志和人类遭到灾难威胁的徒然努力之间的冲突。这个悲剧之所以深深打动观众，是因为从本剧中获得了教训，那就是人无能为力，要屈从于上天的意志。因此，现代作家纷纷在自己创作的故事中表达这种冲突，想达到类似的悲剧效果。但观众对这些故事中想防止灾祸或神谕的无效努力的情节无动于衷，这些现代悲剧没有达到自己想要的效果。

如果《俄狄浦斯王》能使现代读者或观众产生和当时希腊人同样的

感动力量，唯一可能的解释就是，这部希腊悲剧的效果不在于命运和人类意志之间的冲突，而在于这种冲突展现的材料的某种特质。我们的内心一定有一种声音，随时准备和《俄狄浦斯王》中命运的强制力量产生共鸣，而对《女祖先》或其他命运悲剧作品中虚构的情节，我们却能加以谴责。《俄狄浦斯王》的故事里确实有一种可以解释这种心声的动机。俄狄浦斯的命运之所以感动我们，是因为那可能就是我们自己的命运，或神谕在我们出生以前就把那种咒语加在了我们身上。可能我们早就注定把最初的性冲动指向了自己的母亲，而把最初的仇恨和暴力的冲动指向了自己的父亲。我们的梦也使我们相信是这样。俄狄浦斯杀父娶母无非是一种愿望的满足——是我们童年时期愿望的满足。但是，我们比他更幸运的是，因为我们没有成为神经官能症患者，所以我们从童年时起既成功地收回了对母亲的性冲动，也忘记了对父亲的嫉妒。我们童年的这个原始愿望在这个人身上得到了满足，就以所有压抑的力量从他那里退却。当诗人通过探究将俄狄浦斯的罪恶曝光时，他使我们明白了内在的自我，尽管这些冲动受到压抑，但仍然存在。请看合唱开始时的对白：

> 看，这就是俄狄浦斯，
> 是他解开了伟大之谜，带来权势，
> 所有臣民都称羡他的命运，
> 看他沉沦在多么可怕的灾难里！

这段训诫触动了我们，因为从童年以来，我们就自以为多么聪明、多么强大。像俄狄浦斯一样，我们在生活中对大自然强加给我们的违反道德的那些欲望一无所知，等揭开它们的面纱之后，我们又很不情愿正视我们童年的这些景象。

在索福克勒斯创作的这部悲剧的正文里，明确无误地指出，俄狄浦斯的传说源自远古的梦的材料，内容是因为儿童初次性冲动导致儿童和父母的关系出现了痛苦紊乱。伊俄卡斯达曾经安慰俄狄浦斯，尽管俄狄浦斯还不知道自己的身份，但想起神谕就心神不安。伊俄卡斯达指出经常有人做的一个梦，纵然她认为这不会有什么意义："许多人曾经梦见自己在梦中成了自己母亲的配偶，但他们没有注意这类事，仍旧过着比较安逸的生活。"一些人常常梦见和自己的母亲发生性关系，人们谈起这件事时既愤怒又惊讶。完全可以想象，这是悲剧的关键，也是对梦见父亲死亡的补充。俄狄浦斯的寓言神话是对这种典型梦幻想的反应，就像成人做的这种梦一样经历厌恶的感情，所以这个寓言神话的内容必须包括恐怖和自我惩罚。随后，它呈现的形式就是对材料的一种无法辨认的润饰，用来符合神学的意旨。

当然，这个题材和其他题材一样，想把神的万能和人类的责任协调一致的企图，肯定会失败。另一部富有诗意的悲剧——莎士比亚的《哈姆雷特》和《俄狄浦斯王》植根于同样的土壤。但是，对相同材料的不同处理，表明了两个相差悬殊的文明时代在精神生活上的整体差异，反映了人类感情生活的压抑随着时间的推移而增长。在《俄狄浦斯王》里，儿童的基本愿望显现出来，并在梦中得以实现；在《哈姆雷特》里，愿望仍受到压抑，正如我们在神经官能症中发现的那些相关事实一样，只有通过由此产生的抑制效应，我们才能看出它的存在。在更近代的戏剧作品中，男主人公的性格可能仍存在变化无常的这个奇特事实，已经证明了和这部悲剧的强烈效果相当一致。这个剧本以哈姆雷特的优柔寡断为基础，完成了指派给他的复仇任务。原剧没有提供这种优柔寡断的原因或动机，也没有提供成功这样做的各种解析企图。按照仍然流行的看法，这是歌德首先提出的一个看法：哈姆雷特代表的是一种人物类型，他们的活性能量因过分的智力活动而麻痹——"病恹恹的身体，加上苍白的思考神情。"而另一种看法，则尽力描述了一种优柔寡断、濒于神经衰弱的病态性格。然而，该剧情节向我们表明，哈姆雷特绝不是想以完全无力行动的性格出现。在两个不同的场合，我们看到了哈姆雷特显示的权威：一次是他在突然盛怒之下刺死了躲在挂毯后面的偷听者；另一次是他故意地，甚至狡猾地，以文艺复兴时期一个王子的肆无忌惮，处死了两位蓄意谋害他的朝臣。那么，是什么阻止他去完成父王的归魂吩咐他的工作的呢？这里的解释是这项工作具有特殊的性质。哈姆雷特无法对那个杀掉他父亲、篡夺王位、占有他母亲的人报仇雪恨，因为那个人实现了他自己受到压抑的童年愿望。因此，自责取代了驱使他报仇雪恨的憎恨，良心的不安告诉他，自己并不比他要惩罚的那个杀父娶母的凶手好到哪里去。在这里，我是把保留在男主人公心灵潜意识中的东西转译成了意识。如果有什么人想把哈姆雷特称为癔症患者，那么，我不得不承认，这是从我的解析中得出的推论。他和奥菲莉娅对话时表现对性的厌恶，完全与这种推论一致。在此后的几年中，这种对性的厌恶与日俱增，占有莎士比亚的灵魂，直到在《雅典的泰门》中得到充分表达。当然，我们在《哈姆雷特》中面对的只是莎士比亚自己的心理状态。而在乔治·布兰迪斯论莎士比亚的著作中，我发现，其中论述该剧是在莎士比亚的父亲死后（1601年）马上创作的——也就是说，当时他还在哀悼父亲的逝世。因此，我们完全可以假设，他对父亲的童年感情又复苏了。另外，莎士比亚有一个童年夭折的儿子，取名叫哈姆奈特（和哈姆雷特非常相似）。正如哈姆雷特处理儿子与父母的关系那样，大约写于同一时期的《麦克白》就是以没有儿女为主题的。就像所有神经官能症患者的症状一样，梦本身可以进行多重性解析，甚至需要多重性解析，才能完全理解。所以，在莎士比亚的心中，每一部真正的诗作肯定不只有一种动机，也不只有一种冲动，还可能不只有一种解析。我在这里只想解析这位富有创意的诗人心灵最深处的冲动。

关于这种亲人死亡的典型梦，我必须从一般的梦理论对它们的意义再多说几句话。这些梦向我们说明了事情的不同寻常的状态，向我们表明，由压抑愿望构成的梦念完全逃过了审查制度，然后原封不动地移向了梦中，这必须在特殊状况下才有可能发生。下面两种因素促成了这些梦的产生。第一，我们心里可能藏有某种愿望，而我们相信，这种愿望甚至在我们做梦时也绝不会出现。因此，梦的审查制度对这种怪念头毫无防备，就像梭伦的法律没有预见到有必要设立杀父罪的刑罚一样。第二，在特殊情况下，这种未被怀疑的压抑愿望，常常以某种对亲人生命关怀的形式，对当天白天遗留下来的感受作出让步，这种焦虑只能利用相应的愿望进入梦中。但是，这种愿望能把自己掩藏在白天已经唤起的那种关怀的后面。

探索这些梦和焦虑梦之间的关系，是有教育意义的。在亲人死亡的梦里，那种压抑愿望已经避开了审查制度及其产生的变形。那么，梦中伴有的一种不变现象就是感受到的痛苦情绪。同样，焦虑梦只在审查制度全部或部分受到压制时才会产生。另外，如果因肉体来源引起真实的焦虑感，就会促使审查作用大大增强。因此，审查制度执行其本身职责，并实行梦的变形,其目的显而易见。这样做是为了防止焦虑或其他形式的痛苦影响。

我在前面部分已经谈到过儿童心理的利己主义,现在要强调这一特性来表明其中的联系,因为梦也已经保留了这种特征,所有的梦都是绝对利己主义,每个梦中出现美好的自我,即使是以伪装形式出现。梦中实现的愿望总是这种自我愿望。如果一个梦是为利他主义的兴趣引起,那也不过是骗人的外观。我现在要分析几个似乎和这种主张矛盾的梦例。

第一个梦

一个还不到4岁的男孩叙述了下面这个梦:他梦见了一只装满菜的大碟子,上面放着一大块烤肉。随后,那块烤肉还没有切开就被吃光了,但他没有看到是谁吃的。

男孩梦见的这个贪吃的陌生人,他可能是谁呢?当天的经验一定会提供答案。过去这几天,这个男孩一直按照医生的吩咐只喝牛奶,但做梦的当天晚上,因为他太顽皮,所以家人就罚他不准吃晚饭。他曾经历过一次这样的饥饿治疗,并勇敢承受这种清苦生活。他知道自己吃不到东西,因此他就连自己肚子饿也不提了。毫无疑问,他自己就是梦中对这丰盛佳肴(而且是一顿烤肉)垂涎欲滴的那个人。但是,因为他知道自己不能吃,所以在梦中他不敢像饥饿的孩子那样坐下来吃。因此,梦中吃掉烤肉的人没有露面。

第二个梦

一天夜里,我梦见自己在一个书店柜台上看到一套我感兴趣的丛书(艺术主题、历史、著名艺术中心等的专著)。这套丛书名叫《著名演说家》(或《著名演说集》),第一卷写有莱契尔博士的名字。

分析时,我对滔滔不绝的演说家莱契尔博士出现在我的梦里感到不解。但事实是这样的:几天前,我开始对几位新患者进行心理治疗,不得不每天谈10~12个小时。所以,我自己就是一个滔滔不绝的演说家。

第三个梦

还有一次,我梦见一位我认识的大学讲师对我说:"我的儿子患了近视。"接下来是一段简短的对话和回答。梦的下一部分接着出现了我和我的儿子。就这个梦的隐意而言,父子和大学讲师不过是用来影射我和自己的长子。稍后,在谈到另一个特点时,我会再研究这个梦。

第四个梦

下面这个梦提供了真正卑鄙、自私自利的感情隐藏在亲切关怀背后的一个例子:"我的朋友奥托病恹恹的,面容呈褐色,眼睛突出。"

奥托是我的家庭医生,我对他深为感激,无以表达,因为他几年来一直在关照我的孩子们的健康。孩子们生病时,奥托总是手到病除,而且每次总能找到借口送给他们礼物。做梦当天,奥托曾经来看望我们,我的妻子注意到他疲惫不堪。当天夜里,我就梦见了奥托。我的梦认为他患的肯定是巴塞杜氏症。如果忽视我解梦的规则,就会把这个梦理解为我关心朋友的健康,这种关心在梦中得以实现。因此,这不但和梦是满足愿望的主张相矛盾,而且和梦只表现利己主义冲动的主张相矛盾。但是,这样解析梦的人能说明我为什么担心奥托患巴塞杜氏症吗?因为奥托的面容和诊断没有任何合理之处。另外,我的分析提供了下列材料,把我引向了六年前发生的一件事。我们一群人(包括 R 教授)乘车在黑暗中穿过森林,这里距离我们要去的乡下还有几小时路程。因为司机不是太清醒,所以把我们连人带车翻下了堤岸,幸亏运气好,我们都没有受伤。但是,我们只能在距离最近的客栈过夜。我们的不幸遭遇引起了极大同情,一位明显患有巴塞杜氏症的先生(面部皮肤呈浅褐色,眼睛突出,但没有甲状腺肿)前来招呼我们,并问我们需要什么帮助。R 教授果断地回答:"只借给我一件长睡衣就好。"但是,这位慷慨的帮助者说:"对不起,这我无能为力。"然后就离开了我们。

在继续分析时,我突然想起巴塞杜不仅是发现这种病的医生的名字,而且是一位著名教师的名字(虽然我非常清醒,但我对这个事实拿不太准)。我曾经请求朋友奥托,万一我出了什么事,他就负责我的孩子们的健康,尤其是青春期这段年龄(所以提到了长睡衣)。我在梦中看到奥托患上了上面提到的那位慷慨的帮助者的可怕症状。我明显是想说:"如果我发生了什么事,奥托对我的孩子们就会像那位慷慨的帮助者一样和蔼可亲。"这个梦的利己主义意味现在应该够清楚了。

但是,这个梦中的愿望在哪里可以发现呢?并不是在我对朋友奥托(他似乎注定要在我的梦中受到亏待)的报复中,而是在下列的情形中:我在梦中把奥托表现为那位帮助者,所以我同样把自己也当成了另一个人——R 教授,因为我曾经有求于奥托,就像 R 教授在我描述的事件中有求于那位帮助者一样。而这就是关键。因为 R 教授在学术圈外特立独行，就像我所做的那样，所以他到晚年才获得了早就应该得到的头衔。于是，我又一次想当教授了。那句"他到晚年"是一种愿望的满足，因为这意味着我要活得够长，足以亲自指导自己的孩子们度过青春期。

对感觉轻松飞行或恐惧落下的其他典型梦，我都没有切身的体验，所以我对此要说的所有一切都归功于自己的心理分析。从由此得到的资料来看，一定会得出结论，这些梦也是再现了童年形成的一些印象——也就是，这些梦涉及对孩子特别有吸引力的包含急速运动的游戏。很多做舅舅、叔叔的人都有过这样的经历：让孩子伸开双臂飞跑过房间；逗孩子在自己膝上摇晃，然后突然伸腿倒下；把孩子举过头顶，然后突然假装收手。在这种时刻，孩子总是高兴得大叫，而且不厌其烦地要求再来一次，尤其是这种游戏含有一点恐怖或晕眩情形的话。在以后的几年中，他们在梦中又重复这种感觉。但是，在梦中，孩子省略了控制他们的那些手，所以现在他们自由浮动或坠落。我们知道大多数的孩子都喜欢这样摇晃和玩跷跷板的游戏。如果他们在马戏团看到了体操表演，就会再现这种游戏的记忆。在一些男孩中，癔症的发作仅仅是这些游戏中的动作的再现，这些动作他们都是极其敏捷地完成的。这些动作本身很不鲜明，但常常引起性的感觉。如果用几句话来表达这件事，那就是，儿童时期令人兴奋的游戏都在飞行、坠落、摇晃等的梦中得以再现，只有肉欲的感觉现在变成了焦虑。但是，就像每位母亲知道的那样，孩子的兴奋游戏常常以争吵和眼泪而结束。

因此，我有充分理由反对我们睡觉时皮肤感觉状态和肺部运动状态等引起飞行梦和坠落梦这种解释。我看到，梦针对的记忆再现了这些感觉，因此它们就是显梦，而不是梦的来源。

然而，毫不否认，我无法对这一系列典型梦进行全部解析。我的材料恰恰使我在这里陷入困境。我必须坚持一般意见：当任何心理动机需要这些典型梦时，所有的皮肤和运动感觉都被唤醒；而不需要它们时，它们就被忽略。与童年经历的关系，似乎可以从我对神经官能症的分析获得的暗示中得到进一步证实。但是，我无法说出，在做梦者的生命历程中，这些感觉记忆可能会附加上其他什么意义。尽管看起来都是典型梦，但也许会因人而异。我非常愿意对一些好例子进行仔细分析，来填补这个缺口。那些飞行、坠落、拔牙等梦不计其数，我为什么还抱怨缺乏这种材料。我必须说明，自从我把注意力转向解梦这个主题以来，我自己从来没有经历过这种梦。然而，我处理过的神经官能症患者的那些梦并不是都可以解析，而且常常无法洞察隐藏的最深层意图。还有一种参与神经官能症发作的精神力量，在其消失期间会再次变得活跃，对抗对最终问题的解析。

三、考试梦

每个通过学校期末考试后获得升学证书的人，总是抱怨自己一直做考试不及格或必须重修某一科目等的焦虑梦。对拿到大学学位的人来说，这种典型梦又被另一种梦代替。这意味着他没有拿到博士学位，他还在梦中对此徒劳地反对说，他已经从业多年了，或早已是一名大学讲师，或一家律师事务所的资深律师，等等。我们在童年时因做坏事而受到的惩罚，根深蒂固地留在了记忆之中。这些记忆在我们学生时代的关键性考试的苦难日子里再次苏醒。同样，神经官能症患者的考试焦虑也因这种幼稚的恐惧而加强。当我们的学生时代结束时，父母或老师都不再惩罚我们，以后生活中无情的因果关系负起了进一步教育我们的责任。现在，我们梦到了入学考试或博士学位考试，谁在这些场合没有过胆怯呢？我们随时都害怕因某种令人不快的结果而受到惩罚，或我们做了粗心事或错事，或我们没有像原来那样一丝不苟。总之，我们随时感到责任在肩。

为了对考试梦作进一步解释，我要感谢一位曾经对这个主题有研究的同事。在一次科学讨论过程中，他说，根据他的经验，只有考试及格的人才会做考试梦，考试不及格的人从来不做这种梦。种种事实证明，做梦者第二天要从事一项负责任并有可能丢脸的事情时才会做这种考试的焦虑梦。那么，要求助的必定是过去的某个场合，最终证明巨大的焦虑没有真正的理由，其实已被结果驳倒。这种梦是显梦被清醒状态误解的一个非常显著的例子。那种被看作对梦抗议的惊呼："可我已经是一名医生了。"实际上是梦提供的安慰，所以可以表达如下："不要担心明天；想想你在入学考试前的那种焦虑；结果证明什么也没有发生，因为你现在成了一名医生。"但是，梦中焦虑的确源自做梦当天遗留下来的某些经验。

尽管我对自己以及他人有关这方面的梦进行的解析绝非深入彻底，但那些判断标准不无裨益。例如，我没有通过法医学博士学位的考试，但这件事从来没有在梦中让我焦虑过，而我却常常梦见植物学、动物学和化学的考试，我为准备这几门考试心急如焚，却由于命运或主考老师的宽厚仁慈，我逃过了这一关。在关于学校考试的梦中，我还梦见过历史考试。当时，这门课我考得非常出色，只是我必须承认，因为我的性情和蔼的教授（我另一个梦中的独眼恩人）没有漏过任何一件事，所以在交给他试卷时，我在三个问题中的第二个问题上用指甲画了一道，以暗示他对那个问题不要苛求。我有一个患者，他在入学考试前退出，后来补考才通过。但军官考试他没有过关，所以他没有成为一名军官。他告诉我说，他常常梦见前一种考试，但从来没有梦见过后一种考试。

斯特克尔是第一位解析入学考试梦的人。他主张，这种梦总涉及性经验和性成熟。这一点在我的经验中，常常得到进一步的证实。

第六章 解梦的问题

所有以前想解决梦问题的方法，都和保留在记忆中的显梦直接相关。一些学者曾经从这种显梦中寻求解析，或者无须解析而直接根据这种显梦提供有关梦的结论。然而，我要面对一套不同的资料。对我来说，一种新的心理资料自动插入在显梦和研究的结果之间，即梦念或仅凭我的方法获得的梦念。我通过这种梦念而不是显梦来解析梦。因此，我面临的是一个新问题，是一项完全新奇的任务——研究和追溯梦念和显梦之间的关系，以及后者由前者转化的过程。

梦念和显梦就像两种不同语言描述同一种内容一样，或者说得更清楚些，就是显梦以另一种表达形式将梦念翻译给我们。我们必须通过比较原文和译文，才能了解其合成的象征和规律。我们只要确定梦念，无须进一步解析，就可以明白了。显梦犹如象形文字，其象征必须逐一译成梦念的文字。如果试图按照这些象征的画面价值，而不是按照它们的象征意义，去解读它们，肯定会出错。例如，我看到面前有一幅画谜——有一座房子，房顶上有一只小船，然后出现单独一个字母，接着是一个无头人在飞跑，等等。作为批评家，我可能会禁不住认为，这个合成物及其构成元素毫无意义。一只小船放在房顶不合适，无头人不会跑，而且那个人比房子还大。还有，如果整个东西是想代表一幅风景，字母表的单个字母就无权出现在里面，因为字母不是自然现象。如果我不怕麻烦用一个代表某种暗示或关系的音节或单词去代替每个图像，就有可能对那幅画谜作出正确判断。这样，那些放在一起的单词就不再是毫无意义，而是可能组成最优美、最含蓄的箴言。其实，梦就是这样一幅画谜，而以前的学者在解梦时却错把画谜当成了艺术作品。因此，梦当然就显得毫无意义，没有价值。

第一节　梦的浓缩作用

在比较显梦和梦念时，研究人员清楚的第一件事就是梦已经完成了大量的浓缩工作。与梦念的广泛和丰富比较，梦则贫乏、琐碎、简洁。如果写下来，梦占半页纸，而对梦的分析则需要多达6倍、8倍、12倍的篇幅。这种比率会随不同的梦而发生变化，但根据我的经验，一向是这个规律。通常，我们低估了梦受到的浓缩程度，因为人们相信那些已经披露的梦念就是全部材料，连续性的解析工作会进一步揭示藏在梦里的意念。我们必须注意，一个人永远无法确信他已经完全解析了一个梦。即使所作的解释似乎令人满意、完美无缺，同一个梦里也总可能出现另一种意思。因此，严格地说，浓缩程度是无法确定的。也许这种主张会引起异议，而且这种异议似乎完全有道理——显梦和梦念之间不成比例，证明了在梦形成中出现的心理材料经过了大量浓缩作用的结论是有道理的。因为我们经常有一种感觉——整夜做了很多梦，随后就忘记了一大半。所以，我们醒来之后记得的梦似乎只是梦的工作的一个残余片段，只要我们能完全记住这个梦，那肯定会属于梦念范围。在某种程度上，这确实不无道理。如果醒来之后尽力去回忆这个梦，就能非常准确地在脑海中再现，不致从记忆中退去。而随着白天的过去，对梦的记忆会变得越来越残缺不全。另外，我们必须认识到，我们认为自己梦见的要比在脑海中再现的多得多，这种印象常常是基于一种错觉。这种错觉的来源，我以后还会解释。此外，梦的工作发生浓缩作用的假设并不受有可能忘掉一部分梦的影响，因为保留在记忆里的梦的各部分的众多思想可以证明。如果的确没有记住梦的大部分内容，我就有可能无法探究一系列新的梦念。我无法断言，被遗忘的那部分内容，和我对那些部分的分析中知道的那些思想完全一样。

就各部分显梦分析时得出的大量意念来看，许多读者心中主要怀疑的会是，随后分析时心灵产生的每种意念是否允许构成梦念的一部分——换句话说，就是假定所有这些意念在睡眠状态中表现活跃，并参与了梦的形成。是不是有些梦在形成时并没有参与的新意念，更有可能是在分析过程中产生的呢？对这种反对意见，我只能给予一种有条件的回答。当然，这些各不相同的意念组合确实是在分析时才第一次出现。但可以确定，这种新组合每次只有在各种意念之间已经于梦念中有其他联系时才会发生。可以说，这些新组合是推论，可能因为存在其他更基础的联系方式而形成。就分析时产生的绝大部分意念组合来看，我不得不承认，它们在梦形成时就已经活跃起来了，因为如果我从一连串这样的意念着手，乍一看，对梦的形成似乎不起什么作用，但会突然产生一种思想，这种思想出现在显梦中，对梦的解析不可或缺，并且只有通过这一连串的意念才能达到。读者可能在这里会回想起植物学专著的那个梦，这显然是惊人的浓缩作用的结果，纵使我还没有给予彻底的分析。

而我们是怎么想象睡眠者做梦前的精神状态的呢？所有的梦念是并列存在、互相追逐，还是好几种联想同时从不同的中心出发，随后汇合的呢？我认为，此时没有必要对梦形成时的心理状态形成一种可塑性观念。但是，我们不要忘记我们关心的是潜意识思想，这个过程可能和我们在意识伴随下深思熟虑的自我观察大不一样。

然而，梦的形成是以浓缩过程为基础，这是无可辩驳的事实。那么，这个浓缩过程是如何形成的呢？

如果我们认为，在探知的梦念中，只有极小部分以其观念元素表现在梦中，就可以推断，浓缩过程是通过删除来完成的，因为梦不是一个忠实的译者，也不是对梦念的投射，而是一种残缺不全的再现。但我们马上就会认识到，这种见解很不恰当。暂时让我们把这个作为一个出发点，然后问自己："如果梦念中只有少数元素可以进入显梦，那么，决定选择它们的条件是什么呢？"

为了解决这个问题，让我们把注意力转向显梦中已经满足我们寻找的这些条件的元素。最适合这个研究的材料将是那些在形成时出现特别强烈的浓缩作用的梦。我选择第五章引用的植物学专著的那个梦。

显梦：我写了一本有关某种植物的专著。这本书摆在我的面前，我正在翻阅一页折叠的彩色插图，像植物标本集一样，装订有一片干枯的植物标本。

这个梦最显著的元素是植物学专著，这来自做梦当天的那些印象。我的确曾经在一家书店的橱窗看到过一本有关樱草属植物的专著。显梦里没有提到这个属类，只有专著和植物学的关系留了下来。"植物学专著"马上揭示了它和我曾经写过的论古柯碱的著作的关系。从古柯碱一方面联想到了《纪念文集》，另一方面联想到了眼科医生——我的朋友柯尼斯坦医生，因为他对引进古柯碱用于局部麻醉作出了贡献。此外，柯尼斯坦医生又使我回想起了我和他在前一天晚上曾经有过的一场中断的谈话，以及同事间有关医疗服务费的各种念头。于是，这场谈话就成了实际的梦刺激。虽然有关樱草属植物的专著也是一次真实事件，但其性质却无关紧要。我认为，梦中的"植物学专著"在当天的两个经历之间原来是一个共同均值，原封不动地再现一种无关紧要的印象，并通过大量的联想和具有精神意义的经历联系在了一起。

然而，不仅植物学专著的合成意念，而且它的各个元素，即"植物学"和"专著"，通过层层联想，逐步深入扑朔迷离的各种梦念之中。对加特纳（Gartner 在德语中是"园丁"的意思）教授、对他的"如花似玉"的妻子、对我的一位名叫弗洛拉（Flora 是罗马神话中花神的名字）的患者，以及对我曾经说到丈夫忘记购买鲜花故事中的一位女士的回忆，都和植物学有关。加特纳又使我联想起了实验室，以及和柯尼斯坦的谈话，还有这次谈话提到的两位女患者。思绪从那位和鲜花有关的女士转移到了我的妻子最喜欢的那些花，然后又引到了我匆匆看到的那本专著的书名。此外，植物学使我想起了中学时代的一个插曲和一次大学考试。上面提到的谈话中说到的一个新鲜话题——关于我嗜好的话题，通过被幽默地称为我最喜爱的鲜花——洋蓟，而与忘记送鲜花的思绪联系了起来。在"洋蓟"背后，一方面使我回想起了意大利，另一方面又使我回想起了童年第一次和书发生密切关系的情景。因此，"植物学"就成了一个真正的核心。而且，对那个梦来说，是许多联想的汇合点。我能证明，提到的那次谈话，确实可以——找出联系。这时，我发现自己置身在一个思想工厂，就像《织工的杰作》里所说的那样：

   小梭来回跑不停，
   飞针走线默无声，
   一梭连起千万根。

  梦中的"专著"又涉及了两个主题：我研究的片面性和我的嗜好的

昂贵代价。

从这一初步研究得出的印象是,"植物学"和"专著"这两个元素之所以被吸收进显梦,是因为它们能提供和多个梦念发生联系的最多要点,并起到了枢纽的作用,许多梦念都在此交汇,而且就梦的意义来说,它们具有多方面的意义。这种解释依据的事实可用另一种形式表达:显梦中的每个元素证明都具有多重性决定——也就是,它在梦念中出现好几次。

如果我们研究在梦念中出现的和梦有关的其他成分,就会了解得更多。彩色插图(参见第五章的分析)是针对一个新的主题——同事对我的研究的批评,以及已经在梦中表现出来的一个主题——我的嗜好,此外还有对童年的回忆——我把一本带有彩色插图的书撕成了碎片。干枯的植物标本和我在中学时的植物标本集的经历有关,而且特别强调了这个记忆。因此,我认识到了显梦和梦念之间关系的性质:不仅梦的元素决定了梦念出现的次数,而且各个梦念代表梦中的好几种元素。从梦中的一个元素开始,联想途径可以引出许多梦念;从一个梦念也可以引出梦中的好几个元素。因此,在梦的形成过程中,并不是一个梦念或一组梦念以简略手法作为代表来满足显梦,然后下一个梦念又以另一种简略手法作为代表满足显梦(就像从全体居民中选代表一样)。但是,整个梦念受到某种润饰作用,在这个过程中,那些得到最强大、最彻底支持的元素脱颖而出,因此这种过程大概会像联名投票选举一样。无论什么梦,只要我一剖析,总会证实这个根本原则——梦念是由梦的各个元素构成,在与梦念的关系中,每个元素似乎都具有多重性决定。

为了证明显梦和梦念的关系,的确有必要再举一个例子,这个例子可以看出相互交织的关系特别巧妙。这是我的一个患者的梦,我正在治疗他的幽闭恐怖症。读者很快就会明白,我为什么给这个特别巧妙的梦取这个名字——"一个美梦"。

做梦者正和许多人驱车行驶在×街上,街上有一家普通旅馆(其实并没有)。旅馆的一个房间里正在演戏。他起先是观众,后来成了演员。最后,这群人被告知要更衣,以便回城。一些人被领进了楼下的房间,另一些人则被领上了二楼的房间。随后发生了一场争吵。楼上的人之所以恼火,是因为楼下的人还没有更好衣,他们无法下楼。他的哥哥在楼上,而他在楼下。他对哥哥很生气,因为哥哥更衣太仓促了(这部分模糊不清)。此外,他们到达这里时,已经决定好谁在楼上、谁在楼下。随后,他独自上山向城市走去,他步履非常沉重、艰难,无法从原地移动。一位老先生和他同行,并生气地谈论起意大利国王。最后,快到山顶时,他走起路来轻松多了。

爬山时经历的艰难是那样清晰,所以醒来后的一段时间,他怀疑那段经历到底是梦还是现实。

从显梦中可以看出,这个梦不足称道。我却一反常规,从做梦者认为最清晰的那个部分开始解析。

在做梦期间经历到的艰难,以及爬山伴有呼吸困难的情形——是患者几年前确实出现过的一种症状,再加上其他一些症状,当时被诊断为肺结核(看上去像癔症)。从暴露梦的研究来看,我已经熟悉了这种梦中运动受抑制的特殊感觉。我在这里又发现这类材料可用作任何时候来表现任何其他目的。显梦中有关爬山的部分,起初是非常艰难,到了山顶就比较轻松了。我听患者叙述时,想起了都德的《萨福》中一段著名而精彩的介绍。说的是一个年轻人抱着他心爱的女人上楼,起初他感觉很轻松,但是越往上爬,他越觉得臂膀很重。这个景象是他们的关系进展的象征。都德这样描写,是想告诫年轻人不要对出身微贱、身世可疑的姑娘到处留情。尽管我知道我的患者曾经和一位女演员发生过风流韵事,而且已经告吹,但我几乎不敢指望自己的这种解析是正确的。《萨福》中的情形其实和这个梦相反,因为梦中爬山是起初艰难,后来轻松;《萨福》中的象征是起初轻松,后来变成了沉重负担。让我惊讶的是,患者说,我的解析和他前一天晚上看到的一部戏的情节非常吻合。这部戏叫《维也纳巡礼》,描写的是一名少女,最初受人尊敬,后来沦落风尘,和上流社会的男人勾勾搭搭,从而攀缘直上,但最后她又一路下滑。这部戏使他想起了另一部戏《步步高升》,戏中的广告画描绘的就是一段楼梯。

那位和他最近勾搭过的女演员就住在×街。这条街上根本没有旅馆。然而,为了这位女演员,夏天时他在维也纳度过了一段时间,曾经临时住在附近的一家旅馆。离开这家旅馆时,他对出租车司机说:"不管怎么说,我很高兴这里没有臭虫!"(顺便说一下,害怕臭虫是他的恐惧症之一）于是，出租车司机回答道："那里怎么可能有人住！那根本算不上旅馆，只不过是一家客栈！"

"客栈"马上使他想起了一句诗："最近我投宿一家客栈，店主对我很亲切。"但是，在乌兰德的这首诗中，店主是一棵苹果树。于是，他又联想到了另一段诗句：

> 浮士德（和美丽的魔女跳舞）：
> 我曾经做过一个美梦，
> 当时我看到一棵苹果树，
> 那里有两只漂亮的苹果闪闪发光，
> 它们是那样诱惑我，我就爬了上去。
> 美丽的魔女：
> 因为苹果首先长在天堂，
> 所以你们渴望得到苹果；
> 我非常高兴地知道，
> 我的花园里长着这种苹果。

苹果树和苹果意味着什么，是毫无疑问的——那位女演员胸脯高耸、风情万种，曾经让这位做梦者神魂颠倒。

从这个分析的前后关系判断，我完全有理由设想，这个梦和做梦者童年时期的某个印象有关。如果这个说法正确的话，这一定是指做梦者（他现在快30岁了）童年时期的奶妈。而奶妈的胸部事实上就是孩子的"客栈"。奶妈以及都德的《萨福》，似乎都是在暗示他最近抛弃的那位女演员。

做梦者的哥哥也出现在梦中，哥哥在楼上，做梦者在楼下。这又是一种颠倒，因为据我所知，他的哥哥已经失去了社会地位，而他则保留着自己的地位。在叙述显梦时，做梦者避而不说他的哥哥在楼上、他自己在楼下。这将是再清楚不过的表达方式，因为在奥地利，当一个人失去财富和社会地位时，我们会说他在一楼，就像我们说他已经没落一样。现在，梦中的内容颠倒表现的事实一定有某种意义。而这种颠倒一定适用于梦念和显梦之间的另一种关系。有一种迹象表明，这种颠倒是可以理解的。在这个梦的结尾，爬山的情形和《萨福》描写的情形也刚好相反。现在这种颠倒的意义显而易见：在《萨福》中，那个男人抱着和他有性关系的女人；在梦念中，颠倒了过来，是指一个女人抱着一个男人，而这只可能发生在童年时期，这又一次涉及那个抱着沉甸甸的孩子的奶妈。因此，这个梦的最后部分以同样的暗示成功地再现了《萨福》和那个奶妈。

就像诗人选择"萨福"这个名字是指女性同性恋一样，梦中那些人分为楼上、楼下，是指做梦者心中对性方面的幻想。这些幻想像受压抑的欲望一样，和他的神经官能症不无关系。解梦本身无法显示，这些是幻想，而不是真实事件的记忆。它只是供给我们一套思想，让我们自己去确定其中的真实价值。在这种情形下，真实和想象的事件乍一看似乎都具有同等价值，不仅在这里，而且在比梦更重要的心理结构的创造中也是这样。正如我们已经知道的那样，一大群人象征一种秘密。通过追忆进入童年的那些情景，梦中的哥哥正是后来所有情敌的一个代表。通过一次自身没有意义的经历——愤怒地谈论意大利国王的老先生的这个插曲，是指低阶层的人闯入了贵族社会。这就像都德给年轻人的警告，同样也可用于吃奶的孩子。

然而，因为这些梦还没有分析彻底，所以也许值得考虑详尽地分析一个梦，以便证明显梦是多重性决定的。为了这个目的，我要选择爱玛打针的梦（参见第二章）。从这个例子中，我们会很容易看出，梦形成中的浓缩工作曾经利用了不止一种方法。

显梦中的主要人物是我的患者爱玛，她在梦中表现的是清醒时的生活特征，所以她首先代表她本人。但当我在窗口给她检查时，她的态度却来自另一个人，因为如梦念所示，我想用这位女士代替爱玛。在梦中，爱玛患有白喉，这使我想起了自己对大女儿的忧虑，所以她又代表了我的大女儿。而我的大女儿又让我想起了那位中毒的女患者，因为她们的名字相同。在梦的进一步发展中，爱玛的人格意义发生了变化，但梦中她的形象没有发生变化：她变成了儿童诊所我们诊察的一名儿童，我的两位朋友在检查过程中，表现出不同的精神状态。之所以会出现这种过渡，是因为我想起了自己的女儿。因为爱玛不愿张嘴，所以她暗指我检查过的另一位女士，同时通过这个联系，也暗指我的妻子。此外，我在她的喉部发现的病变，已经总结出这暗指许多其他的人。

我由爱玛联想起的所有这些人，都没有在梦中亲身出现。她们都隐藏在爱玛的梦象背后，因此爱玛成了一个集合意象，而这具有互相矛盾的特点。爱玛代表了浓缩工作中被抛弃的其他人，因为我想起的这些人的点点滴滴都归到了爱玛的身上。

为了解析梦的浓缩作用，我以另一种方式将两个人以上的真实特征并入一个单一的梦象，构想出了一个合成人。我就是用这种方法在梦中构想了 M 医生。他具有 M 医生的名字，一言一行都像 M 医生，但他的身体特征和疾病却属于另一个人——我在国外的一位兄长。只有脸色苍白这一特征是双重性决定的，因为这对两人是共通的。在有关我叔叔的梦中，R 医生也是一个合成人。但在这里，梦象是用另一种方式构想出来的。我没有把一个人的特征和另一个人的特征合并，从而从各自的记忆图像中删除了某些特征。不过，我采用了高尔顿制作家人肖像的方法——我重叠两个图像，这样两人的共同特征便更加突出鲜明，而那些不一致的特征相互抵消，变得模糊不清。在有关我叔叔的梦中，漂亮胡子在面部格外突出，因为这是属于两个人的共同特征，而面孔则模糊不清。另外，说到胡子渐渐变灰，则暗指父亲和我自己。

构成集合人与合成人是梦的浓缩作用的主要方法之一。我马上就会在另一种联系中谈到这一点。

在爱玛打针的梦中出现的痢疾这个观念，同样也有多重性决定作用：一方面是因为它和白喉的发音相近；另一方面是因为它涉及我劝说去旅行的那个患者，他的癔症是误诊。

梦中提到的丙基又一次证明这是一个浓缩作用的有趣例子。梦念里包含的不是丙基，而是戊基。有人可能认为，在梦形成的过程中，发生了一个简单的移植作用。但是，从下列补充分析可以看出，这种移植是为浓缩作用服务的：如果对丙基（propyls）这个词细思片刻，它的发音听起来就像"神殿入口"（propylaeum）。而神殿入口不但在雅典，而且在慕尼黑都可以找到。在做这个梦之前，我曾经去慕尼黑探望过一位重病的朋友。梦中紧跟丙基出现的三甲胺，毫无疑问就是他提起的。

像在其他的梦的分析中一样，我在这里忽略了一个显著情况，价值各不相同的联想被用来建立思想联系时，好像具有同等价值，而且我不得不认为，梦念中的戊基在显梦中被丙基取代，是作为一种可塑性过程。

一方面，这里是有关我的朋友奥托的一组观念，他不了解我，认为我有错，并送给我有戊基味的甜露酒；另一方面，还有一组和前者相反的观念，是有关我的柏林朋友（威廉）的观念。他确实了解我，总是认为我是对的，我感谢他提供给我这么多有价值的性过程的化学作用的有关信息。

在奥托这组观念中，特别吸引我注意的因素是由最近情况决定的，而戊基属于非常突出的因素，它注定要成为显梦。以威廉为中心的一大组观念确实是由威廉和奥托之间的差异激发，其中那些强调的元素和奥托观念组中已经激起的那些元素相互一致。在这整个梦中，我不断把使我感到不快的人转变成我能随心所欲面对的、让我高兴的人。因此，奥托观念组中的"戊基"，使我想到了另一组中同属化学领域的回忆，"三甲胺"因受到各方面支持而进入显梦。"戊基"本来也可以毫无改变地进入显梦，但受到了威廉观念组的影响，因为从这个名字涵盖的整个记忆范围来看，可以为"戊基"寻找一个能提供双重性决定的因素。"丙基"与"戊基"密切相关；威廉观念组的慕尼黑与propylaeum（神殿入口）结合了起来。这两组观念结合为丙基—神殿入口，好像经过妥协，这个中间因素进入了显梦，这里就形成了一个允许多重性决定的共同的中间环节。因此，显而易见，多重性决定作用一定有助于进入显梦。为了形成这个中间环节，要毫不犹豫地把注意力从真正的目标转向某个邻近的联想。

对爱玛打针梦的研究现在已经能使我洞察到梦形成中的浓缩过程。我认识到浓缩过程的特点，在显梦中选出那些出现好几次的元素，构成新的联合（合成人、集合人），然后产生一些共同的中间环节。浓缩作用的目的和采用的方法，等到我考虑梦形成中的所有心理工作过程时，再进行研究。在这里，梦的浓缩作用是作为梦念和显梦之间值得注意的一种联系。

梦的浓缩作用以单词和工具为对象时最明显。一般来说，梦中出现的单词常被看作一些东西，所以组合形式和事物包含的意念一样。这种梦的结果是形成各种滑稽、奇异的词。

第一个梦

一位同事送来他写的一篇文章。我认为，这篇文章对最近的一次生理学发现评价过高，而且自我表述言过其实。第二天晚上，我梦见了一句明显针对这篇文章的句子："那的确是一种 norekdal 风格。"我刚开始分析这个词的形成时有些困惑。这个词无疑是对形容词 colossal（巨大的）、pyramidal（顶尖的）的拙劣模仿，但不容易说出它来自何处。最后，这个怪词分成了两个名字 Nora 和 Ekdal，分别来自易卜生的两部名剧。先前，我曾经看过报上一篇论易卜生的文章，而我在梦中批评的正是文章作者最近的一篇作品。

第二个梦

我的一位女患者梦见过一个男人，长着漂亮的胡子，闪着奇异的眼神，指着挂在树上的一块指示板，上面写着："uclamparia – wet"。

分析：那个男人看上去相当威严，奇异闪烁的眼神马上使她想起罗马附近的圣保罗教堂。她曾经在那里看到过罗马教皇的嵌花式肖像。早年的教皇中有一位长有一只金黄色的眼睛（其实，这是一种视觉幻象）。进一步的联想表明，这个人的整个面相和她自己的牧师（教皇）相似，漂亮胡子的外形使她想到了自己的医生（我本人），梦中那个人的身材则使她想起了自己的父亲。所有这些人对她都有一种相同的关系——都在引导和指引她人生的道路。进一步分析探究，金黄色的眼睛使她想起了金子，继而想到了相当昂贵的心理分析治疗费用，这让她忧心忡忡。此外，金子使她联想到酒精中毒的金疗法——要是 D 先生不染上令人反感的酗酒恶习，她就会嫁给他，而且她并不反对偶尔喝点酒，她自己有时也喝点啤酒和利口酒。这又使她回想起参观圣保罗教堂和周围环境的情景。她想起了她曾经在三泉邻近的寺院里喝过该院特拉普僧侣用桉树酿制的利口酒。接着，她又讲了这些僧侣如何通过种植桉树，把这个瘴气肆虐的沼泽地区变成了干燥卫生的地区。因此，uclamparia 自动分解为 eucalyptus（桉树）和 malaria（疟疾），wet（潮湿）这个词则是指该地区以前的湿地自然状态。wet（潮湿）的反义词是 dry（干燥）。那个要不是经常酗酒，她就会下嫁的男人实际上就叫 Dry。Dry 这个怪名字源自德语（德语里 drei 意为"三"），因此这又暗指三泉。在谈到 Dry 先生的习惯时，她用了非常强烈的措辞："他能喝掉一眼泉水。"Dry 先生开玩笑地说起了自己的习惯："你知道，因为我总是 dry（干燥，也暗指他的名字），所以我必须一直喝。"eucalyptus（桉树）同时也暗指她的神经官能症，这个疾病起初被诊断为疟疾，因为她的神经官能症发作时，伴随有明显的寒战和颤抖——有人以为是源自疟疾。她从那些僧侣手里买了一些桉树油，而且坚持认为，这对她大有好处。

所以，"uclamparia-wet"正是梦和神经官能症的交叉点。

第三个梦

在我自己的一个相当冗长混乱的梦里，中心内容是一次海上航行，我突然想起下一个港口是 Hearsing，再下一个港口是 Fliess。Fliess 也是 B 市我的一位朋友的名字，我经常去 B 市旅行。但是，Hearsing 是把维也纳附近的地名合在了一起，这些地名常常以 ing 结尾，比如 Hietzing、Liesing、Moedling 等。hearsay 是指"诽谤"，并和当天发生的无关紧要的梦刺激建立联系——《飞叶》(*Fliegende Blatter*) 刊物上有一首诽谤侏儒的诗 "Sagter Hatergesagt"。通过把 Fliess 这个名字和尾音节 ing 合并，就得到了 Vlissingen（弗利辛恩），这是一个真实的港口，我的哥哥每次从英国来看望我都要经过这个港口。Vlissingen 对应的英文是 Flushing，意为"脸红"。这使我想起了一位脸红恐惧症患者，还使我想起了别赫切列夫最近发表的有关这个症状的论文，因为这篇论文让我感到恼火。

第四个梦

还有一次，我做了一个梦。这个梦由两部分组成：第一部分是我清晰地记得的单词 Autodidasker；第二部分是我前几天产生的一个简短无害的想象，它的大意是，我下次见到 N 教授，一定会告诉他："我上次请教您的那个患者的病情，正如您怀疑的那样，患者患的确实是神经官能症。"因此，Autodidasker 这个新创词不仅要满足这样的要求，还包含或代表某种被压缩的意思，但这个意思必须和在清醒状态中我再三决定对 N 教授的诊断给予应有的荣耀具有正当关系。

Autodidasker 这个词很容易分离为 Author（作家）、Autodidaet（自学者）和 Lasker（拉斯克），Lasker 又和 Lasalle（拉萨尔）这个名字有关联。Author 是导致做梦的诱因：我曾经给妻子带回几本知名作家戴维写的书，这位作家是我哥哥的朋友。据我所知，戴维和我都是来自同一个地区。一天晚上，妻子告诉我说，戴维的一本凄惨哀婉的小说（一个被埋没的天才的故事）给她留下了很深刻的印象。后来，我们的话题就转向了我们在自己的孩子身上察觉到的天才迹象。我的妻子在刚刚看到的故事的影响下,对我们的孩子表达了某种担心,我就安慰她说,她害怕的这些危险正好可以通过教育加以避免。当天夜里,我的思想展开了,再次想起了妻子对孩子的担心,并把这件事和其他各种事情交织在了一起。戴维曾经对我的哥哥说的有关婚姻的话题,把我的思想引入了一条小路,这可能在梦中再现。这条路引向了 Breslau(布雷斯劳,波兰西南部城市,现名为弗罗茨瓦夫),我们非常要好的一位女士结婚后到那里定居了。我发现,在布雷斯劳可以找到拉斯克和拉萨尔这两个例子,可以证实我的担心,唯恐我的儿子毁在女人手里。这些例子使我能同时再现两种促使一个男人毁灭的方法。这些思想可以概括为"追逐女人"。如果换一种意思,这就会使我想到我的哥哥。他还没有结婚,名叫 Alexander(亚历山大)。我发现,这个名字简称为 Alex,听上去差不多像 Lasker(拉斯克)的颠倒音。这个事实一定有助于我的思路绕到布雷斯劳。

但是,我玩名字和音节的游戏在这里还有另一种意思,它代表我希望哥哥能享受幸福的家庭生活。在艺术生活的小说《全部作品》里,其内容和我的梦念有关联。众所周知,作者左拉在小说中描述了他本人和幸福的家庭生活,并以 Sandoz(桑多兹)的名字出现。在他的名字的变形中,他可能是按照下列方式进行的:Zola(左拉)颠倒过来念(小孩子喜欢倒念名字),就成了 Aloz,但是,这样仍然不够隐蔽。所以,他就替换了 Al 这个音节,Al 是 Alexander 这个名字的首音节,通过同一个名字的第三个音节 sand,最后形成了 Sandoz。我的 Autodidasker 源自类似的一种方法。

"我要告诉 N 教授,我们一起讨论过的那个患者患的正是神经官能症。"我的这个愿望是因为下面发生的事而进入梦中的:在前不久,我治疗了一个患者。这个患者使我的诊断遇到了棘手的问题。当时我以为是一种严重的器质性疾病,可能是脊髓变质恶化,但无法最后证实。我将这种病诊断为神经官能症,但因为患者极力否认有过性的病史,所以我无法确诊。在无所适从时,我求助于我尊敬(也是别人尊敬)的一位医生——N 教授。我对他的权威完全甘拜下风。他听了我的种种怀疑后,告诉我说,他认为这些怀疑是合理的,然后又说:"继续观察这个人。这也许就是神经官能症。"几天后,我告诉这个患者,我不知道该怎么给他治疗,建议他另请高明。让我大为惊讶的是,他马上开始请求我原谅他曾经对我撒谎，他感到非常羞愧，终于向我透露了我早就预料到的性的病史。我发现，这对诊断神经官能症是否存在很有必要。这让我松了一口气，但同时又很丢脸，因为我不得不承认 N 教授诊断得比较准确，他并没有被缺乏的病史难住。我决定下次见到他时告诉他，他是对的。

　　这就是我在梦中做的事情。但如果我承认自己错了，又能满足哪种愿望呢？而这正是我的愿望，我希望自己的担心是错的——也就是说，我希望在梦念中挪用妻子的那些担心，可以证明是错的。梦中叙述的事实的对错和梦念中真正关心的问题相距并不远。

　　在这个结构完整（经过分析后相当明晰）的梦里，N 教授的出现，不但是因为我想证明自己的担心是错的，或者联想到布雷斯劳和我们那位已婚朋友在那里居住，而且是因为我们在会诊后的一段小对话：N 教授提出以上建议尽完自己的专业职责后，接着谈论起了个人问题。"你现在有几个孩子？""六个。"他做了一个关切和恭敬的姿势后，继续问："男孩、女孩？""各三个，他们是我的骄傲和财富。""噢，你一定要小心，女孩没有什么问题，但男孩以后的抚养是一个难点。"我告诉他我的儿子都非常听话。显然，这种对我儿子将来的预想并没有他对我的患者的诊断那样开心，因为他认为那不过是神经官能症。于是，这两件前后连续发生的印象就连在了一起。而当我把神经官能症的故事并入梦中时，就用它代替了抚养主题的对话，这甚至和梦念关系更密切，因为它更接近我的妻子后来表示的那种担忧。因此，我对 N 教授提出的抚养男孩的难处可能是正确的担心获准进入了显梦，因为它隐藏在"但愿我自己是错的"这一愿望的背后。同样的愿望没有改变，却代表了两种互相冲突的选择。

　　在解析时，考试梦出现了同样的困难，我已经在典型梦的特征中描述过。做梦者提供的联想材料只能较少地满足解析的需要。要对这类梦更深入了解，必须从大量的例子中进行积累。不久前，我认识到，像"你已经是一名医生了"等这样的话语，不仅表达了一种安慰，还可能意味着一种责备——"你已经这么大了，还做这种傻事，要对这种幼稚行为感到内疚。"这种自我批评和安慰的混合体符合考试梦的特征。之后，在分析有关傻事和幼稚行为的例子中的责备，应该和受到反复斥责的性行为有关，就不再令人惊讶了。

梦中的言语转化和妄想症中知道的情况非常相似，而且在癔症中也可以看到。孩子的言语游戏在某种年龄确实是把言语当作目标，甚至创造新的词语和自制的句法，这些都是梦和神经官能症中这类现象的共同来源。

对梦中毫无意义的言语的构成进行分析，特别适合用来论证梦的工作的浓缩程度。从这里所选的少数几个例子考虑，一定不要得出结论说，这类材料很少观察到或根本都是例外。相反，这类材料很常见，但由于梦的解析依赖心理分析治疗，因此能记录下来写成报告的例子寥寥无几，而且报告的大多数分析只有神经病理学专家才能理解。

当梦中出现明显来自某种思想的言语时，梦中的话来自梦的材料中记住的言语则是一条永恒的准则。这些话的措辞要么完全保持不变，要么稍加改变表达出来。梦中的话常常是由回忆起的各种不同言语拼凑而成，尽管措辞保持不变，但意义可能会变得暧昧。梦中的话也常常暗指与回忆起的言语有关的一件事。

第二节 梦的移植作用

我在收集梦的浓缩作用的例子时，另一种重要性可能不亚于浓缩作用的关系，迫使我加以注意，这些作为基本成分在显梦中突出表现的元素，在梦念中根本没有发挥这种相同的作用。作为一种推论，这种说法的逆命题也是正确的。梦念的基本内容显然也不需要在梦中再现。梦好像是以其他地方为中心，它的内容安排的元素并不构成梦念的中心点。例如，在植物学专著的梦里，显梦的中心点显然是"植物学"这个元素；而在梦念里，我关心的是同事之间做事时因相互指责而发生的纠纷和冲突，以及后来关心的是我习惯对自己的业余爱好牺牲太多时间的自责。除了出于对比而与梦念核心有松散的关系外，"植物学"这个元素在梦念核心中没有找到立足之地，因为植物学从来都不是我最喜欢的科目。在我的患者做的"萨福梦"里，上山下山、上楼下楼构成了中心点。然而，这个梦关心的却是和社会底层人发生性关系的危险。因此，只有一种梦念元素好像进入了显梦，而且发生了过度扩张。还有，在关于我叔叔的梦里，漂亮胡子在显梦里好像是中心点，似乎和我们公认为梦念核心的出人头地的愿望根本风马牛不相及。这些梦自然而然地给我们一种移植的印象。在全面对比这些例子时,爱玛打针的梦表明,单独元素可能在梦的形成中像在梦念中一样占有同样的地位。

认识到在梦念和显梦之间的这种变化无常的新关系,起初也许会让我们感到惊讶。在正常生活的心理过程中,如果我们发现,一个意念的产生是从许多其他的意念间挑选出来,才在我们的意识中得到特别重视,那我们就会常常把这个看成一种特殊心理价值(某种程度的兴趣)附着在脱颖而出的意念上的一种证明。我发现,梦念中的单独元素的价值在梦的形成中没有保留下来,或是没有得到考虑。因为毫无疑问,梦念中的那些元素都具有很高的价值,我们的判断会马上告诉我们。在梦的形成中,那些得到强烈兴趣强调的基本元素可能会被当成次要因素,同时在梦中被其他因素取代,其他因素在梦念中肯定是次要的。起先在选择各种观念形成梦时,精神强度似乎不在考虑之列,而关键在于它们多重性决定的多寡。我们可能倾向于认为,进入梦里的并不是梦念中重要的观念,而是出现过好几次的观念。但是,我们对梦形成的了解并没有因为这个假设而增进多少。我们无法相信,两个具有多重性决定的意义和内在价值的动机可能会影响梦的选择,除非朝同一方向。那些在梦念中最重要的意念也可能是那些再现次数最多的意念,因为单独的梦念都是从其中心发散出来的。不过,梦可能拒绝这些经过特别强调并广泛强化的元素,而把其他只受到广泛强化的元素吸收进显梦。

如果我们进一步探讨显梦的多重性决定而得到另一个印象,这种难题也许就可以解决。研究这方面的很多读者也许已经在心中作出了决定,认为发现梦元素的多重性决定并不具有重要意义,因为这是不可避免的。在分析时,从这些梦元素开始着手,记录下和这些梦元素发生联系的所有意念。这些梦元素在用这种方式获得的意念材料中以奇特频率反复出现,还会惊奇吗?尽管我无法承认这种反对意见的正确性,但我现在要说的听上去也颇为相似:从分析揭示出来的那些思想中,许多远离了梦的核心,变得像是为了某一特定目的而制造的人为内插物。它们的目的可能很容易看出来,它们在梦念和显梦之间建立一种联系,这常常是一种牵强联系,而且在很多情况下,如果这些梦元素在分析时被淘汰,那么显梦中的那些成分不仅得不到多重性决定,而且它们连足够的决定也得不到。因此,我不得不作出这样的结论:在梦的选择中占有决定性地位的多重性决定，可能并不总是梦形成的主要因素，而常常是我们至今还不知道的精神力量的次要产物。不过，就那些单独元素要进入显梦来说，这一定非常重要，因为我们可以观察到，在有些情况下，多重性决定并不容易从梦的材料着手，要经过某些努力才能得到。

一种精神力量在梦的工作中自行表现，现在变得很有可能：一方面，除去其强度中具有高度精神价值的元素；另一方面，通过多重性决定，从具有少量精神价值的元素中创造新的重要价值，从而让这些元素可以进入显梦。如果这是一种程序法，那么，在梦形成的过程中，那些单独元素之间就发生了精神强度的移植，由此产生了显梦和梦念之间的差异。我在这里设想的运作的过程，其实是梦的工作中最重要的部分，这可以称为梦的移植。梦的移植和梦的浓缩是两个重要因素，可以把梦的结构主要归因于这两个重要因素。

我认为，这将很容易认出自行表现在梦的移植中的精神力量。这种移植的结果是显梦不再和梦念的核心有任何相似之处，而梦只在脑海中重现在潜意识中存在的愿望的变形方式。但是，我已经熟悉梦的变形，由此追溯到一种精神力量对另一种精神力量行使的审查制度。梦的移植则是实现这种变形的主要方法之一。从法律上说，就是生效者得利。我们必须假设，梦的移植是由这种审查制度的影响而产生的精神防御。

在梦的形成中，移植、浓缩和多重性决定这些因素相互作用，哪种是主导因素，哪种是次要因素，所有这一切都留待以后再研究。同时，我可以指出的是，因为进入梦的那些元素必须满足第二个条件，所以它们必须从审查制度的阻力中退出来。但今后在梦的解析中，我将把梦的移植看成一种无可非议的事实。

第三节 梦的表现手段

在梦念转化为显梦的过程中，除了梦的浓缩和移植在起作用外，我还发现两个进一步的条件。这两个条件对于选择哪种材料最终出现在梦中，会产生不容争辩的影响。即使我要冒着中断进一步研究的危险，我还是要介绍一下实行解梦的过程。我不否认，要解释清楚这些过程，并让反对者心服口服的最佳方法，就是用一个梦作为例子，详加解析，就像我对爱玛打针的梦例的分析（参见第二章）一样，然后把我发现的梦念集合起来，从中构建梦的形成过程——也就是说，通过梦的合成来补充梦的解析。我曾经根据自己的观点对好几个梦例这样做过。但是，我在这里不能这样做，因为许多因素（和精神材料有关，有必要加以证实）禁止我这样做，任何思想健全的人都会赞成。在梦的解析中，这些因素没有出现多大的干扰，因为解析可能不完全，但仍保持其价值，即使它只能稍微深入梦的结构。我认为，只有梦的完全合成，才能令人信服。我只能把不为读者所知的这些人的梦进行完全合成。然而，因为只有我的神经官能症患者才能提供给我这种合成方法，所以对梦的这部分描述必须暂时搁下，直到我能对神经官能症患者进行精神解释，足以证明和这个主题的关系。这将在另一本著作中完成。

我从综合这些梦念构建梦的种种尝试中了解到，通过解析得来的材料，价值有所不同。其中一部分是由那些基本梦念组成，如果没有审查制度，那些梦念会完全取代梦，而且自身足以替换。我对另一部分，则认为无足轻重，也无法相信这些材料都曾经参与过梦形成的过程。相反，它们可能在梦与解析过程之间存在一些意念，这些意念和随后出现的梦的体验有关。这部分不仅包括所有从梦的显意导向隐意的连接途径，还包括在解析工作期间，我了解到的这些连接途径具有中介和模拟作用的种种联想。

目前，我只对那些基本梦念感兴趣。这些基本梦念通常作为可能是最复杂结构的思想和记忆的综合物出现，具有清醒状态中知道的思想过程的所有特性。它们常常是源自多个中心的思想链，但并不是没有接触点。我发现几乎每一个思想链都有其矛盾的对立面，通过对比联想而联结。

这种复杂构造的各个部分相互间自然有多种逻辑关系，它们构成前景、背景、离题、说明、情况、论据和异议。当整个梦念处在梦的工作的压力下时，这些部分会像浮冰一样旋转、碎裂、挤压，随后问题就会出现：迄今提供结构框架的那些逻辑关系会变得怎么样？"如果""因为""仿佛""尽管""不是……就是……"和其他所有的连词，在我们的梦中是如何表现的呢？如果没有这些连词，我们就无法理解词组或句子吗？

首先，我必须回答，梦没有任何方法来表现梦念之间的这些逻辑关系。在大多数情况下，梦都会忽视所有这些连词，只对梦念的实质内容进行精心制作。梦的解析就是为了恢复梦的工作已经破坏的连贯性。

如果梦缺乏表达这些关系的能力，那么构成梦的精神材料肯定是造成这种缺陷的原因。事实上，和能利用言语的诗歌相比，造型艺术——绘画和雕刻同样受到限制。出于同样的理由，两种造型艺术努力表达一些东西确立的材料，在这里也受到了这种限制。在绘画艺术达成决定好的表达原则协议之前，它曾经尝试弥补这种缺陷。在古代绘画中，那些代表人物的口中都挂着一些小小的说明，写着画家在图画中无法表达的言语。

此时，也许有人会反对，并对梦无法表达逻辑关系的主张提出疑问。有些梦会发生复杂的智力活动：可以举出相互矛盾的意见，可以开玩笑，也可以进行比较，就像我们清醒时的思想一样。但是，这里的表面现象又靠不住。如果这些梦的解析继续进行下去，会发现所有这些东西都是梦的材料，而不是梦中智力活动的表现。梦念的内容在我们的梦中通过明显的思想得以重现，但不是梦念之间的相互关系，因为这包含在思想的关系定势中。我要举几个这方面的例子，其中，最容易确定的事实是，出现在梦中并明确指明的言语，都是出现在梦的材料中的那些没有改变或稍有更改的言语复制品。这种言语常常是暗示包括在梦念中的某个事件，而梦的意义则截然不同。

其次，我不会否认，批判性思想活动并不仅仅是梦念材料的重复，还在梦的形成中发挥了作用。我将在结束这个讨论时，解释这个因素的影响。那时就会清楚，这种思想活动并不是由梦念引起，而是由梦本身引起，在某种意义上，是在梦完成之后。

所以，我暂时可以同意，梦念之间的逻辑关系，在梦中并没有获得任何特殊的表现。例如，梦中出现一种矛盾，这要么是针对梦本身的一种矛盾，要么是包含在其中一个梦念里的一种矛盾。梦中的矛盾只能以最间接的方式与梦念之间的矛盾相一致。

但是，就像绘画艺术最终成功地用不同于口中挂着小小的说明的方法，至少表达了画中人物想表示的意图——柔情、威胁、警告等。所以，梦也有可能找到了一种方法，通过对梦表现的特殊方式加以适当的修改，说明梦念之间的逻辑关系。通过分析我发现，不同的梦在这方面常常不尽相同，有的梦会完全忽视其材料的逻辑结构，有的梦则会努力把它尽可能地全部展现出来。这样做，梦有时会大大背离它阐述的主题，有时则相差不远。如果在潜意识中建立了梦念的时间连接，梦也会发生相应的变异（如在爱玛打针的梦里）。

但是，梦的工作通过什么方法能指出梦的材料中难以表现的这些关系呢？我将努力一一列举。

首先，梦通过把这些材料合为一体，作为一种情境或行动，来叙述梦念所有部分之间无可否认的联系。它以同步方式再现种种逻辑关系，颇似画家把所有哲学家或诗人都画在一起，尽管他们从来没有在任何大厅或山顶聚集过，但从思想来看，他们的确会组成一个团体。

其次，梦详细地执行这一表现方式。梦无论什么时候呈现两个关系密切的元素，都可以肯定梦念中相应的部分存在一种特别亲密的联系。这就像我们的书写方法：to 表示这两个字母发一个音节。但是，t 和 o 中间如有空隙就表明，t 是一个词的最后字母，o 是另一个词的第一个字母。因此，梦不是由梦的材料的反复无常、毫不相干的元素组成的，而是由梦念中有相当密切联系的元素组成的。

最后，为了表现这种因果关系，梦使用了两种方法，从本质上可以简化为一种方法。比较常用的表现方法是以从句作为序梦，以主句作为主梦的形式。如果我的解析是对的，次序同样可以颠倒。主句总是和梦中最详尽的部分对应。

有一次，一位女患者提供了一个表现梦的因果关系的极好例子。我将在后面全部写出来。梦由简短的序梦、非常广泛的梦和非常明确的中心三部分组成，也许可以称为"花的语言"。序梦是这样的：她走到厨房里的两个女佣身边，斥责她们用了这么长时间准备"一小口食物"。她还看到厨房里一大堆沉甸甸的厨具都颠倒过来，以便控干水分，甚至堆成了一摞一摞的。后来，两个女佣去提水，似乎要走到一条通向房子或流进院子的河。

接着是主梦，开始是这样的：她正从以奇特方式构成的棚架高处爬下来，她很高兴自己的衣服没有被勾住，等等。序梦和她父母的房子有关。厨房里说的那些话可能是她常常听到她母亲说的那些话。那一堆厨具源自同一座房子里的一家不起眼的五金商店。这个梦的第二部分包含对她父亲的一种暗示，父亲总是纠缠那些女佣，有一次发大水时，父亲得了不治之症（他们的房子靠近河岸）。隐藏在序梦背后的思想是这样的："因为我出生在这座房子里，处在这样肮脏不快的环境中……"主梦继续了同样的思想，而以一种满足愿望的改变方式呈现出："我出身高贵。"那么，真正的思想则是："因为我出身这样卑微，所以我的生命过程就这样了。"

据我所知，把梦分成两个不相等的部分，并不是意味着这两部分的思想之间存在一种因果关系，而是同样的材料常常以不同观点出现在这两个梦中。例如，当天晚上做的一系列最终以射精而结束的梦就是这样，肉体的需求越来越得到明确的表现。或者，这两个梦发生于梦的材料中两个不同的中心，它们在内容上相互重叠，因此在一个梦中表现为中心的主题，而在另一个梦中则是一种暗示，反之亦然。但是，在许多梦中，分为短暂的序梦和较长的主梦确实表示这两部分之间存在因果关系。另一个表现因果关系的方法则采用较少的综合材料，把梦中的一个影像（无论是人还是物）变成另一个影像。只有出现梦中的这种转变确实发生在眼前，我们才会认真考虑其因果关系，而不是仅仅注意一种东西代替另一种东西。我曾经说过，这两种表现因果关系的方法确实可以简化为同一种方法。在这两种情况下，因果关系是通过前后顺序来表现的，有时是通过梦的前后顺序，有时是通过一个影像直接转变为另一个影像。在大多数梦例中，肯定没有表现出这种因果关系，而是冲淡在做梦过程中无法避免的一连串元素之间。

梦无法表现"不是……就是……"这种选择。这种选择的两个部分常常插入梦的前后关系中，好像它们都具有平等的权利待在那里。爱玛打针的梦中包含的就是这样一个经典例子。它的梦念显然意味着：我不会为爱玛的持续痛苦负责，责任要么在于她拒绝接受治疗；要么在于她过着不合适的性生活，这我无法改变；要么在于她的痛苦根本不是癔症，而是器质性疾病。然而，这个梦实现了所有这些可能。它们几乎都是相互排斥，而且会根据梦的愿望加上第四种解决方法。解析完这个梦后，我把"不是……就是……"插入了梦念的前后关系中。

但是，在叙述一个梦时，叙述者倾向于采用"不是……就是……"这种选择方式，如"这不是花园，就是客厅"，等等。梦念中其实没有选择，只有"和"的关系——是一个简单的附加。我们使用"不是……就是……"时，通常是描述梦的某个元素中的一种含糊性，这是一种可消除的含糊性。在这种情况下，应用原则如下：对选择中的两个部分同等看待，通过"和"来连接。例如，有一次，我的朋友在意大利旅行，我等了好长时间也没有等到他的地址。我梦见自己收到了他给我地址的一份电报。我看到是用蓝色字母印在电报纸上：第一个词模糊不清——也许是 via（经由），或者是 villa（别墅），或者是 casa（房子）；第二个词很清楚——Sezerno（塞泽诺）。

第二个词使我想起了意大利的人名和词源学，也表达了我对朋友住址保密这一事实的恼怒。但是，在分析后，第一个词的三种可能都可以被看成各自独立，同样有理由作为一串思想的起点。

在父亲葬礼前的那天夜里，我梦见了一张印刷的布告、卡片或海报，颇似火车站候车室里贴的那些禁止吸烟的启事。上面写着："请你闭上眼睛。"或"请你闭上一只眼睛。"我习惯把这种选择以下列形式表现出来："请你闭上（一只）眼睛。"

这两种写法各有特殊的意思，在解梦时会引向不同的途径。我曾经布置了可能是最简单的葬礼，因为我知道父亲对这种事的看法。然而，家里其他成员都不赞成这种清教徒式的简单葬礼。他们认为，我们会在其他参加葬礼的人面前感到羞愧。因此，梦中就出现了其中一句话，要求"请你闭上一只眼睛"，也就是它要求人们应该给予体谅。在这里我们对"不是……就是……"表现的模糊意义一目了然。梦的工作无法为梦念编造一种连贯一致却模棱两可的措辞。因此，这两串主要思想即使在显梦中也互相独立。

在有些梦例中，把梦分成了相等的两部分，表达了梦很难表现出这种选择。

梦对这种对立和矛盾的态度非常鲜明，即毫不理睬。对梦来说，"不"这个词似乎不存在。梦特别喜欢把对立的东西变为一致的东西，或者把它们表现为同一事物。梦同样可以随意通过它想达到的对立面，来表现任何元素。因此，对任何具有对立面的元素来说，不可能一开始就断定，包含在梦念中的元素是正面还是反面的意义。在最近引用的一个梦里，我已经解析过它的序梦部分，下面来看看主梦部分。做梦者从棚架上爬下来,手里握着开花的树枝。这个景象使她想起了那个手持百合花茎向圣母玛利亚(她自己的名字也叫玛利亚)报喜说耶稣诞生的画像中的天使,也使她想起了圣体节那天那些列队走过的身穿白袍的少女,当时那些街道都装饰着翠绿的大树枝。梦中鲜花盛开的树枝,显然是暗示贞洁。但是,枝条上长满了红花,每一朵看上去都像是山茶花。她走到终点时(梦还在继续),那些花已经纷纷落下,无疑是暗示月经。一个天真无邪的少女拿着开花的树枝,同时也是暗指茶花女,因为我们知道,茶花女常常戴着一朵白色山茶花,但月经期间则戴着一朵红色山茶花。此外,这个梦表现了做梦者对她清白地度过一生的快乐,但也在好几处(如鲜花的坠落)暗示了相反的联想,也就是说,她为自己违背性的纯洁犯的种种罪过而内疚(那是在她的童年时期)。在解析梦时,我可以清楚地辨别这两种联想,自我安慰的那个联想似乎非常肤浅,自我责备的那个联想则比较深刻。这两种联想相互对立,但其中的元素却通过同样的显梦表现出来。

梦的形成机制最赞成的逻辑关系只有一种,即相似、一致、接近的关系,这种关系在我们的梦中可以各种不同的方式表现。梦的材料中出现的"屏隔"或"恰似"情形是支持梦的形成的要点,而梦的工作的大部分在于造成了这种新的"屏隔"现象,这都是因为受到审查制度的抵抗而不能进入梦中的那些已经存在的梦念。梦的工作的浓缩作用努力促进了相似关系的表现。

相似、一致、接近的关系,一般在梦中都表现为统一,这要么早就存在于梦的材料中,要么是新创造出来的。第一种情形可以称为认同作用,第二种则称为合成作用。认同作用是用在和人有关的梦上,合成作用则用在事物的统一上,但合成作用也可用在人身上。

认同作用在于,对梦来说,只有一个和某种共同特征有关的人才能表现在显梦中,第二个人或其他人则似乎受到抑制。在梦中,这种"屏隔"的人进入所有的关系和情境中,这些关系和情境源自他"屏隔"的那些人。然而,对合成作用来说,当几个人组合时,在梦象特征中就已经有了各人的特性,而不是共同特性,因此这些特征结合的结果就出现了一个新的统一体,形成一个合成人。这种合成作用可以不同方式实现。要么梦中人具有做梦者提到的一个人的名字——在这种情况下,我们完全知道，这种方式和清醒状态中的认识完全一样，这个人正是做梦者想的人，而外貌特征却属于另一个人；要么梦象本身实际上是由两个人的外貌特征混合而成。同时，第二个人扮演的角色也可以不在外貌特征上，而是通过他的姿态、手势、言语或他所处的种种情境表现出来。在人物塑造的后一种方法中，人物的认同作用与合成作用之间的明显区别开始渐渐消失。但是，也可能会发生一个合成人的形成遭到失败的情况。梦中的情境或行动这时会归于其中一个人，而另一个人（通常更重要）则作为一个旁观者。也许做梦者会说："我的母亲也到过那里。"因此，显梦的这种元素类似于象形文字手稿中的一个限定词，它不是想表达，而仅仅是用来解释另一种象征。

证明两个人结合的共同特征，既可以表现在梦中，也可以不在梦中。通常，对人的认同作用或合成作用，是为了避免表现这种共同特征。例如，为了不说"甲对我有恶意，乙对我也有恶意"，我就在梦中制造了甲和乙的一个合成人，或者是设想甲在做不同于他的性格而是乙的特有性格的事情。这样获得的梦中人就以某种新的关系出现在梦中，而他象征甲和乙的这个事实，使我解梦时可以在适当的地方插入两人共有的特征——他们对我的敌意。我用这种方法常常达到显梦的一种非同寻常的浓缩作用。如果我能在第二个人身上找到相同的某些关系，那我就能省去直接表现属于一个人的错综复杂的关系。这种通过认同作用表现的方法，可以有效地回避审查制度为梦的工作设置的苛刻条件带来的阻力。违反审查制度的事情也许属于梦的材料中某个人的特定意念。因此，我要找的第二个人，他也和违反审查制度的材料有关，但只是其中一部分。由于违反审查制度的联系，使我有理由利用各自无关紧要的特征构成一个合成人。这个由认同作用或合成作用产生的人免除审查，可以进入显梦。因此，利用梦的浓缩作用，我已经满足了梦的审查制度的要求。

当两个人的共同特征表现在梦中时，这常常暗示着去寻找另一个隐藏的共同特征（因为审查制度而无法表现）。此时，共同特征移植已经出现，这在某种程度上促进了表现。从梦中合成人都具有无关紧要的共同特征这个情况，我可以推断，梦念中一定还存在一个绝非无关紧要的共同特征。

因此，对人的认同作用或合成作用在梦中为不同的目的服务。首先，它代表两个人之间的一种共同特征；其次，它代表一种移植的共同特征；最后，它代表一种仅仅期望的共同特征。因为期望两个人具有共同特征的愿望常常和这两人的相互交换一致，所以这种关系也通过认同作用表现在梦中。在爱玛打针的梦中，我希望把爱玛和另一个患者进行交换——也就是说，我希望另一个人像爱玛那样做我的患者。梦处理这个愿望时给了我一个名叫爱玛的人，但她接受检查时所处的位置却是我曾经见过的另一个人所在的位置。在有关我叔叔的梦里，这种交换成了梦的中心。我通过苛刻地评判和对待自己的同事而以部长自居。

根据我的经验，我毫无例外地发现，每个梦都涉及做梦者本人，梦完全是以自我为中心。在不是做梦者本人，而仅仅是一个陌生人出现在显梦中的情况下，我可以有把握地说，通过认同作用，做梦者的自我隐藏在那个人的背后。在其他情况下，当做梦者的自我出现在梦中时，所处的情境会告诉做梦者，另一个人依靠认同作用把自己隐藏在做梦者的自我的背后。因此，在解析时，我一定要把和这个人有关的东西（隐藏的共同特征）转移到做梦者的身上。还有的梦，做梦者的自我和其他人一块出现，当认同作用消失后，这些人会重新变回做梦者的自我。因此，通过这些认同作用，我必须要和审查制度曾经反对的某些意念相互联系。做梦者也可以在梦中让自我多重表现，要么直接表现，要么依靠和别人的认同作用表现。通过多次这样的认同作用，非常多的梦的材料就可以得到浓缩。一个人的自我会在同一个梦中若干次出现，或以不同方式出现，这和自我在神志清醒的思想中出现多次，出现于不同地点或不同关系中一样，根本不足为奇。例如，在这个句子中："当我想到我曾经是一个多么健康的孩子。"

地点名称的认同作用要比人的情况更容易分析，因为此处没有强大影响力的自我的干扰。在我有关罗马的一个梦里（参见第五章），我发现自己所在地方的名字叫罗马。然而，我对一个街角有大量德文布告感到吃惊。这其实是一种愿望的满足，马上使我想起了布拉格。愿望本身也许源自我的青年时代。当时，我沉浸在德意志民族主义中，如今已经相当微弱了。在做这个梦时，我正盼望着和一位朋友在布拉格会面。所以，罗马和布拉格的认同作用通过一种渴望的共同特征加以解释——我宁愿在罗马，也不愿在布拉格会见我的朋友。于是，为了这次会见，我在梦中把布拉格换成了罗马。创造这种合成结构的可能性是在梦中常常表现幻想特征的主要因素之一,因为它在显梦中引进了一种不可能是感官对象的显梦元素。这种创造合成影像的精神过程,显然和在清醒时想象或描绘恐龙或半人半马怪兽有共同之处。唯一不同的是,在清醒时的幻想创造中,预期印象是自身的决定因素,而梦中合成的影像则是由梦念中的共同特征决定,它不依赖于其形式。梦中合成可以有很多种不同的方法去完成。最朴实的方法莫过于表现一种事物的特性,同时这种表现通过对另一种事物的认识加以补充。另一种更精细的技巧方法,是将一种事物的特征与另一种事物的特征合成了新的影像,这样巧妙地利用了两种事物之间确实存在的任何相似之处。新的影像最终证明也许会荒谬绝伦,但也许会是成功的想象,这要依据在构想时采用的材料和机智而定。如果那些浓缩成一个元素的事物不太一致,梦的工作则满足于创造一个具有比较明显核心的合成物,并将模糊的特征附在上面。在这种情况下,我认为梦没有成功地合成出新的影像——两个事物的表现形式重叠在一起,产生了视觉意象之间相互竞争的效果。如果试图在绘画上对完全不同的感性意象形成统一的抽象概念,也会获得相似的效果。

梦自然有大量这样的合成组合,我在已经分析过的梦中曾经举了好几个这样的例子,现在还要引用更多这样的例子。在以"花的语言"描述我的患者的生命过程中,梦中的自我手里握着开花的枝条,我们已经知道,这同时意味着贞洁和性的罪恶。此外,那些花朵排列的样子使人想起了樱花。但逐一来看,这些花又像是山茶花,而给做梦者的整体印象则是一种珍奇植物。这个合成元素中的共同特征通过梦念显示出来。开花的枝条由对礼物的各种暗示组成,因为她受到这些礼物的诱惑,对送礼者表现出一种和蔼可亲的样子。因此,她童年时期得到的是樱花,后来的岁月中得到的是山茶花,而那种珍奇植物则暗示一位到处旅行的博物学家,他曾经试图通过画一朵花来赢得她的青睐。另一个女患者梦见了海滨度假胜地的游泳更衣车、乡村的室外厕所和城市住宅顶楼的一个合成建筑。前两个元素的共同点是针对人的裸体和暴露。我可以从它们和第三种元素的关系中推断出,(在童年时期)顶楼同样也是身体暴露的场所。一个男患者梦见了他接受"治疗"的两个地方的合成地点——我的诊所和他最初认识妻子的会议室。还有一个女患者在她的哥哥答应请她吃一顿鱼子酱后，梦见哥哥的腿上沾满了鱼子酱的黑色颗粒。这种道德意义上的"感染"元素和她童年患过皮疹（当时她的双腿好像布满了红色斑点，而不是黑色斑点）的回忆，在这里和鱼子酱的颗粒组合成一个新概念——"她从哥哥那里得到东西"的概念。这个梦像其他梦一样，人体的各个部分被当成物体来看待。在费伦齐记录的一个梦里，梦中出现的合成影像由一名医生和一匹马组成，而且这个合成影像还穿着睡衣。做梦者承认睡衣暗指她小时候看到父亲的一幕情景后，这三个元素的共同特征在分析时就解释清楚了。这三种元素表达的对象都适用于她对性的好奇心。她小时候，保姆经常带她去军马场，她在那里有许多机会来满足她还没有受到压抑的好奇心。

我在前面已经说过，梦没有办法表达矛盾、对比、否定的关系。但我现在要第一次反驳这种主张。归属在"相反"名下的一组梦，仅仅是通过认同作用进行表现——也就是，交换、代替能和"对比"联系在一起。对于这一点，我已经反复举过例子。另一类在梦念中对比的观念，也许可以归属到"颠倒、刚好相反"名下，以下面明显的方式表现在梦中。这个"颠倒"并不直接进入显梦，而是在梦的材料中表明其存在。由于其他原因，一部分已经形成，与前后关系密切相关的显梦发生了倒置，仿佛是事后发生的。举例说明这个过程比描述这个过程要容易。在"上和下"的美梦里，表现向上的梦是梦念中原型的一种倒置，这和都德的《萨福》中的情景相反。在梦中，向上爬开始困难，后来容易；而在小说《萨福》里则是开始容易，后来越来越难。另外，和做梦者的哥哥有关的"楼上"和"楼下"在梦中也是颠倒的。这指出了在梦念中材料的两部分之间存在一种颠倒和对比的关系。我确实发现其中存在这种关系，因为在做梦者幼稚的幻想中，他是由保姆抱着，而在小说中则恰恰相反，是主人公抱着他的心上人。我对歌德抨击 M 先生的梦同样包含这种颠倒。在解析这个梦之前，必须使其恢复原状。在这个梦里，歌德抨击了一位年轻人——M 先生。梦念中包含的真实情况则是一位名人（我的一位朋友）受到了一个不知名的年轻作家的抨击。在这个梦中，我根据歌德去世的日期计算时间，实际上是从一位瘫痪患者出生那年算起。影响梦的材料的思想表现为我反对歌德被当成疯子一样对待。梦像是在说："恰恰相反，如果你不明白这本书，那是你迟钝，而不是作者。"此外，在我看来，所有这些颠倒的梦都隐含着"避开某个人"的轻蔑用语（在"萨福梦"中，做梦者的兄弟关系发生了颠倒）。值得进一步注意的是，一些梦中常常使用颠倒手法，而这些梦是由压抑的同性恋冲动引起的。

此外，颠倒或转向反面是梦的工作中最喜欢、最通用的表现方法之一。首先，它能表达和梦念某个特定元素有关的愿望。"如果这是相反的情况该多好！"是自我对一段不愉快的记忆作出反应的最好表现方法。其次，颠倒在审查制度中进行的服务特别有用，因为它对有待表现的材料产生某种程度的变形，这种变形起初仅仅是麻痹我们对梦的理解。最后，如果一个梦执意拒绝显示其意义，那么，对显梦中的特定部分大胆进行实验性颠倒，随后一切都会变得清晰。

除了内容颠倒，时间颠倒也不容忽视，常见的梦的变形方法在于把事情的结局或思路的结论放在梦的开始，而把结论的前提或事情的原因附加在梦的结尾。凡是不知道这种梦的变形方法的人，都会在解梦问题面前无能为力。

其实，在许多梦例中，只有根据不同关系将显梦进行多重倒置时，我们才会发现梦的意义。例如，在一个患强迫症的年轻患者的梦里，童年就希望可怕的父亲死亡的记忆藏在这个梦的背后：他的父亲责骂他，因为他回家晚了。但心理分析治疗的前后关系和做梦者的印象表明，这个梦的原意一定是这样的：他生父亲的气，因为他觉得他的父亲总是回家太早。他宁愿父亲根本不回来，这和希望父亲死去（参见第五章第四节）是一样的。小时候，在父亲长期不在家时，做梦者为自己对另一个孩子性侵犯而内疚，并受到威胁说："等你父亲回来再说！"

如果我们试图进一步探索显梦和梦念之间的关系，我们最好把梦作为出发点，然后问自己：梦中表现方法的某些形式特征和梦念有什么关系？在梦里给我们留下深刻印象的形式特征中，最主要的是各种梦象的感觉强度的差异，以及梦中各个不同部分或整个梦象的清晰度的差异。各种梦象的感觉强度的差异，既有认为高于现实的清晰度（尽管没有正当理由），也有令人恼火的模糊度，因为这和我们在真实物体中偶尔感知的任何模糊度都无法完全比拟。我们常常把梦中对模糊物体的印象说成是"转瞬即逝"，认为对那些更清晰的梦象感知的时间较长。我们现在必须问自己,显梦中各个部分的清晰度是由梦的材料中的什么条件产生的。

在进一步分析之前,有必要处理看似不可避免的某些预期。因为睡眠期间经历的实际感觉可能构成了梦的材料的一部分,所以也许有人会这样假设,认为这些感觉或源自这些感觉的梦元素是由一种特殊强度加以强调,或者反过来说,梦中特别鲜明的东西可以追溯到睡觉期间的那种真正感觉。然而,我的经验从来没有进一步证实过这一点。由睡眠时感知的真实印象(神经刺激)派生出的那些元素和基于记忆的其他元素,是通过特殊的清晰性加以区别,这并非事实。在决定梦象的强度上,现实因素不起作用。此外,可以预见,单一梦象的感觉强度(鲜明度)和梦念中相应元素的精神强度可能成比例。在后者当中,精神强度和精神价值一样,强度最大的元素实际上是最重要的,这构成了梦念的中心点。然而,正是这些元素由于审查制度的警戒常常无法进入显梦。尽管如此,也许它们在梦中的直接派生物可以达到较高的强度,但不会因此成为梦表现的中心点。一比较梦和梦的材料,这种设想也就会消失。显梦的元素强度和梦念的元素强度毫不相干。事实上,梦的材料和梦之间发生了一种彻头彻尾的"所有精神价值的重新评估"。我们常常发现在被更有力的意象掩盖的梦中,完全支配梦念的直接派生物仅仅表现为短暂模糊的因素。

第四节 表现力的考虑

迄今为止,我研究的是显梦和梦念之间的关系,但我常常把探究延伸到梦的材料自身为了梦的形成发生改变的问题。梦的材料被剥离了许多关系后,还要经过压缩,同时各元素强度之间的移植迫使这种材料进行精神的重新评估。我曾经考虑过的移植作用,表明是将一个特殊意念和另一个通过联想在某种方式上与原物有关的意念进行交换,这些移植促成了浓缩作用,因此以这种方式,不是这两个元素而是一个介于二者之间的元素就会进入梦境。在分析过程中,我还发现了另一种移植作用,而且表现为讨论的思想在语言表达上的交换。在这两种情况下,我是顺着一连串联想处理移植作用,但同样的过程发生在不同的精神领域,移植的结果在第一种情况下是一种元素代替另一种元素,而在另一种情况下是一种元素的语言形式交换另一种元素的语言形式。

发生在梦的形成中的第二种移植作用，不仅在理论上具有极大的吸引力，而且特别适合解释梦伪装的极其荒谬的外表。移植作用常常以这样一种方式发生，梦念中的单调和抽象的表达变为具体和形象的表达。这种置换的长处和目的显而易见。无论什么形象化的东西都可以表现在梦中，并能被引入一种情境。这种情境因抽象表达而面临的困难，就像报纸上的政治社论难以用插图表达一样。通过这种交换，不仅可以促进这种表现的可能性，而且可以促进浓缩作用和审查作用得到好处。一旦将抽象表达无法利用的梦念转化为形象化语言，在这种新的表达和其他的梦的材料之间，梦的工作所需的那些联系和特性就更容易提供，因为在每种语言的演变中，具体术语比抽象术语更富于联想。可以想象，梦在形成时进行的大量中间工作，试图使分散的梦念在梦中变为最简洁、最统一的表达，通过对各种不同思想的适当解释，实现这一方式。表达方式通过其他因素加以确定的一个想法，就会对其他思想的表达方式产生分配性和选择性的影响，而且它可能从一开始就这样做了，就像诗人的创作活动一样。如果要写一首押韵两行诗，第二行押韵诗肯定受两个条件的限制：一是它必须表达适当的意义；二是它的表达必须和第一行押韵。最好的诗肯定是那种看不出刻意追求押韵的痕迹，两种思想因相互感应，自然就选定了语言的表达，随后稍加调整，就会押韵了。

在一些例子中，这种表达方式的改变更加直接地服务于梦的浓缩作用，因为它以模棱两可的词语表达出不止一种梦念。因此，梦的工作就是以这种方式在整个范围中利用词语。词语在梦的形成中所起的作用并不让我们感到惊奇，因为词语是许多意念的交接点，好像注定是模棱两可的。而神经官能症患者利用这些词语提供的浓缩和变形的机会，就像梦一样急切。不难看出，梦的变形也从这种表达方式的移植中得到好处。如果一个意思含糊的词代替两个意思明确的词，确实会发生混乱。如果形象化的表达方式代替我们日常中清晰的表达方式，我们的理解力将会受到阻碍，尤其是因为梦从来没有告诉我们，它呈现的那些元素是按字面意义解析，还是按比喻进行解析；这些元素是直接和梦念有关，还是仅仅依靠一些中间插入的语句。一般而言，在解析任何一个梦的元素时，都会产生以下疑问。

1. 是以否定意义还是以肯定意义接受（对比关系）。
2. 是否当历史来解析（作为回忆）。
3. 是否具有象征意义。
4. 它评出的价值是否以字面意义为基础。

尽管这样反复无常，但我可以说，梦的工作实现的表达方式给解梦者造成的困难，并没有那些古代象形文字给读者造成的困难大。

我已经举过好几个梦例，这些梦的内容仅仅通过模棱两可的表达连在一起。我现在要在分析中引用一个梦，其中抽象思想的形象化表达发挥较大的作用。不过，这种梦的解析和利用象征法解析的区别，可以说非常鲜明。在梦的象征性解析中，象征法的关键是由解析者任意选择。而用我的方法解析文字伪装的梦时，这些主要线索一般都清楚，而且可以通过确定方法找到。如果一个人在适当时刻产生正确观念，就可以全部或部分解释这种梦，不用依赖做梦者的任何陈述。

我的一位女性朋友做了一个梦：她坐在剧院里，那里正上演瓦格纳的歌剧，到早上7时45分才结束。剧院正厅前排和乐池摆放着桌子，人们正在那里吃喝。她的表哥和表哥的年轻妻子刚度完蜜月回来，坐在其中一张桌边，他们旁边是一位贵族。据说，年轻的妻子相当公开地把丈夫从蜜月中带回来，就像她把帽子带回来一样。正厅中央有一座高塔，塔顶上有一个平台，平台四周围着铁栏杆。乐队指挥高高地站在平台上，有着汉斯·里希特的相貌特征。他汗流浃背，在栏杆后面不停地来回跑动，他正在从这个位置指挥聚在塔座四周的乐队。做梦者和一位女性朋友（我认识）坐在包厢里。她的妹妹想从正厅递给她一大块煤。因为她不知道会这么长，所以她到此时觉得非常冷（好像那些包厢在长时间演奏时需要加热一样）。

尽管这个梦在其他方面很好地描绘了这个情境，但它肯定毫无意义：位于正厅中央的高塔，指挥从上面指挥乐队，尤其是做梦者的妹妹递给她的那个煤块。我故意不要求对这个梦进行解析。因为我对做梦者的人际关系有些了解，所以我不依赖她就能解析梦里的某些部分。我知道她非常同情一位音乐家，这位音乐家的音乐生涯因为精神错乱而过早地结束。因此，我决定把正厅中的塔当成一种隐喻。随后出现的是，她希望看到这个人代替汉斯·里希特，高高地站在乐队所有其他成员之上。这座塔可看作一个复合图像：塔的下层结构象征这个人的伟大，但在顶部的栏杆后面跑来跑去，就像一个囚犯或笼中困兽一样（暗示这个不幸者的名字），代表他后来的命运。两种思想相遇也就合成了"疯人塔"。

既然我已经发现了这个梦的表现方法，我就可以用同样的方法解释第二种明显荒谬性的意思——做梦者的妹妹递给她煤块。"煤"应该是指"秘密之爱"。

> 没有火，没有煤，烧得那么烈，
> 　就像是秘密之爱，没有人晓得。

她仍然有结婚希望的妹妹递给她煤块时（她和她的朋友都还没有结婚），"因为她不知道会这么长"，梦中没有说出什么会这么长。如果这是一段逸闻趣事，那我会说是"演出"。但在梦中，我把这个句子看成实际存在，断言它模棱两可，并可以加上"在她结婚以前"。那么，梦中提到做梦者的表哥和表哥的妻子坐在正厅，以及后者公开的风流韵事，进一步证实了我对"秘密之爱"的解析。支配这个梦的是秘密之爱和公开之爱之间、做梦者的热情和年轻妻子的冷酷之间的对比。此外，在这两种情况里都有"身居高位"的人——贵族和寄予厚望的音乐家。

在上面的分析中，我发现了第三种因素。它在从梦念转变为显梦中发挥的作用绝不是微不足道的：梦念对梦利用特殊精神材料上表现力的考虑——大部分为视觉意象的表现力。在和基本梦念有关的各种次要思想中，那些具有视觉表象的将受到人们喜欢，而梦的工作则毫不犹豫地将一些难以处理的思想重新改造成另一种新的语言形式，即使这是一种比较罕见的形式，只要这能促成梦的表现，从而终止由压抑性思想造成的精神痛苦。把思想内容变成另一种模式的同时，也为浓缩作用服务，并可能建立和另一种本来没有建立的思想的一些联系。第二种思想也可能为了和第一种思想在半路汇合，早已改变了自己原来的表达方式。

赫伯特·西尔伯勒曾经描述了在梦的形成过程中直接观察思想转化为图像的好方法，从而使单独研究梦的工作的因素成为可能。在处于疲乏和困倦状态时，如果他强迫自己做智力工作，经常会发生思想脱离的情况，随后出现一幅图像，他发现这幅图像是那个思想的替代品。西尔伯勒不太恰当地把这种替代现象说成是"自我象征"。我在这里要引用西尔伯勒论著中的几个例子。而且,由于观察到这种现象的某种特性,我稍后会再谈到这一主题。

例1:我记得我必须要修改一篇文章中不完善的一节。

象征:我看到自己在刨一块木头。

例5:我尽力回想我打算从事的某些形而上学研究的目的。我仔细考虑,认为这个目的在于寻求存在的基础时,努力争取,以达到意识或存在水平的更高形式。

象征:我将一把长刀插在一块蛋糕下面,仿佛要取出一片似的。

解析:我放刀的动作表示"努力争取"。

对象征主义基础的解析:我常常在餐桌边切蛋糕,分给每个人。我切蛋糕用的是一把弹力长刀,所以需要格外小心。尤其是要把切好的蛋糕干净利落地取出来,会出现一定困难,必须小心翼翼地把刀子插到切好的蛋糕下面(这样缓慢地"努力争取",是为了探究)。但是,这个图像里还有更多的象征。象征中的蛋糕其实是一种"千层糕"——也就是刀子必须切好几层的一种蛋糕(暗示意识层次和思想层次)。

例9:我失去了一个联想中的线索。我努力地想再次找到,但我必须承认,这个联想的出发点已经完全从我这里溜走了。

象征:一部分印版格式,最后几行已经脱落。

由于俏皮话、双关语、引用语、歌曲和谚语在教育者的精神生活中发挥的作用,因此这会和我发现这种伪装常被用来代表梦念的期望完全一致。一个广泛有效的梦象征只出现在少数材料中,是以带有普遍性的隐喻和言语代替物为基础。然而,这种象征的大部分既通用于神经官能症患者、传说和习俗,也通用于梦。

事实上,如果我们更加密切地探究这个问题,我们一定会认识到,在采用这种代替的过程中,梦的工作并没有任何创新的东西。为了达到这一目的,在这种情况下,其表现也许不受审查制度的干涉,它只顺着在潜意识中标出的途径前进,优先转换受压抑的材料。这些转换在俏皮话和暗示中也能意识到,并充满神经官能症患者的所有幻想。在这里,可以了解施尔纳的解梦理论,而我已经在别处为其基本的正确性进行过辩护。这种对自己身体想象的先入为主之见,绝不是梦所特有的,也不是梦的特征。我的分析已经表明，它常常表现在神经官能症患者的潜意识思想中，而且可以追溯到性的好奇心，对少男少女来说，他们的目标是异性，甚至同性的生殖器。但正像施尔纳和沃克尔特坚持的主张：房子并不构成象征身体的唯一思想组合，无论是在梦中，还是在神经官能症患者的潜意识的幻想中，都是这样。当然，我知道，患者总是坚持认为建筑物象征身体和生殖器（对性的兴趣远远超过外生殖器的范围）。对这些患者来说，木桩和柱子象征腿（就像《雅歌》中那样），每个门象征身体的开口（"洞"），每条水管象征泌尿系统，等等。但是，属于植物生命和厨房的种种观念也常常被用来隐藏性的意象。对前一种日常语言，起始于远古时代的想象比喻的积淀，已经做了丰富的铺垫（上帝的葡萄园、亚伯拉罕的种子和《雅歌》中的少女花园）。性生活的最丑恶和最隐私的细节在思想和梦中明显可以利用单纯的厨房活动来暗示。如果我们忘记性的象征可以隐藏在最平凡、最不显眼的事情背后，那么我们就完全无法了解神经官能症的症状。一些神经质的孩子不能见到鲜血和生肉，他们一看到鸡蛋和通心粉就恶心；神经官能症患者会将人对蛇的恐惧极端夸大——所有这一切都有一定的性意义。神经官能症无论在哪里采用这种伪装，都会沿着人类在早期文明阶段走过的道路行走，我们的惯用语、谚语、迷信和习俗至今都可以在这些道路上找到其依稀隐藏的证据。

我在这里补充完整前面允诺的一位女患者做的"花梦"。这个美梦一旦解析，就会让做梦者失去所有的魅力。

序梦：她走到厨房里的两个女佣身边，斥责她们用了这么长时间准备"一小口食物"。她还看见厨房里一大堆沉甸甸的厨具都颠倒过来，以便控干水分，甚至堆成了一摞一摞的。后来，两个女佣去提水，似乎要走到一条通向房子或流进院子的河。

主梦：她从构造奇特的栏杆或篱笆上方的一个高处下来，那是由带小方孔的大方格栏构成的。那确实不适合攀爬，她常常担心自己找不到放脚的地方，她很高兴自己的衣服没有被挂住，所以她能体面地爬下来。她的手里拿着一根大树枝，像是一棵树，上面密密麻麻地布满了红花，一根向外伸展的树枝，带有许多小枝。和这个有关的是樱花的观念，但它们看起来又像是完全盛开的山茶花，当然不是长在树上。当她向下走时，起先她只有一根，然后突然有了两根，后来又变回了一根。当她走到地上时，较低的花朵已经开始掉落。因为她已经到达了底部，所以她就看到了一个"打杂的短工"，他正在梳理同样的一根树枝，也就是说，他正在用一片木头从树枝上刮下一绺一绺的发状物，这些发状物像苔藓一样从树枝上垂下来。其他人已经砍下了花园里同样的树枝，并把它们抛到了路上，路上到处都是，因此许多人都拿了一些。她问，这样做是否正确，她是否也可以拿一根。花园里站着一个年轻男人（是她认识的一个外国人）。她走向男人，想问男人怎样才能把这些树枝移植到她自己的花园里。男人拥抱她，她挣扎着问男人在想什么，怎么可以这样拥抱她。男人说，这没什么错，这是允许的。随后，男人表示自己愿意和她到另一个花园，以便给她示范怎么种植，又说了一些她听不懂的话："此外，我需要3米（后来，又更正为平方米）或3英里的土地。"好像男人想要向她索取一些回报，或男人想要在她的花园里补偿（偿还）自己，或男人想要逃避某条法律，从中得到一些好处，但又不伤害她。她不记得男人是否真的给她做了什么示范。

因象征元素提出的上面这个梦，可以说是一种"传记梦"。这种梦常常发生在心理分析中，但此外就很少发生了。

当然，我有大量这种材料，但要在这里再现，会使我去太深入地考虑神经官能症的各种状况。一切都会指向同样的结论，也就是说，我不必设想，在梦的形成中，精神的任何特殊象征活动都发挥作用。相反，梦利用的是在潜意识思想中已经存在的这种象征作用，因为它们本身具有的表现力能避开审查制度，所以更有效地满足了梦形成的需要。

第五节　梦的象征表现

对这个传记梦的分析表明，我从一开始就认识到了梦里的象征。但只是因为渐渐积累的经验，我才完全认识到象征的范围和重要性。在斯特克尔的著作影响下，我想在这里适当说几句话。

这位学者对心理分析的损害也许和他给心理分析带来的好处一样多。他提出了大量新颖的象征性解释，起先谁也不相信，但后来，大多数都得到了进一步证实，人们不得不接受。我这样说绝不是小看斯特克尔的贡献，这些象征受到怀疑并不是没有理由的，因为他用来解析的那些例子常常不能令人信服。此外，他采用的方法在科学上也不可靠。斯特克尔通过直觉，依靠他自己对那些象征的直接理解能力，发现象征的意义。但是，这种技术并不是人人都能采用的。其有效性也无法评论，所以其结果的可信性便不得而知。这就像一个人在病床边凭嗅觉印象诊断传染病一样，尽管有些临床医生的嗅觉（大多数人的嗅觉已经退化）确实比其他医生的管用，而且他们的确能凭嗅觉诊断出腹部斑疹伤寒症。

　　心理分析的进展经验已经使我发现，患者对象征的这种直接理解达到了惊人的程度。许多患者都得过早发性痴呆症，因此有一段时间，人们总怀疑所有对象征有这种理解的做梦者都患有这种病。但这并非事实，仅仅是个人天赋或特质的问题，显然没有病理上的意义。

　　当一个人已经熟悉梦中广泛采用象征表示性的材料时，自然就会问自己，这种象征是否像速记中的记号一样具有一种永远固定的意义。有人甚至想尝试利用密码法编一本解梦书。在这一点上，应该注意到，象征并不是梦所特有的，而是属于潜意识想象，尤其是属于人们的潜意识想象。这还可以在一个民族的民间传说、神话、传奇、成语和流行俏皮话中找到，而且比梦中的状况更完善。

　　所以，我们应该超越解梦的范围，以便充分研究象征的意义，讨论和象征概念有关的大部分尚未解决的问题。因此，象征表现是一种间接表现方法，但种种迹象警告我们，在我们考虑清楚其显著特征之前，不要把象征表现法和其他间接表现法混为一谈。在许多例子中，象征和它代表的事物共有的特性显而易见。但在其他例子中，则是隐而不露。在后面这些情形中，这种象征的选择似乎高深莫测。正是这些情形才能阐明象征关系的最终意义。它们常常指明这具有遗传的性质。如今以象征性相连的事物也许在原始时代是通过概念和语言的同一性连在一起。这种象征关系似乎是一种残余，是对以前同一性的暗示。

　　还可以注意到，在许多梦例中，象征的同一性会延伸到语言同一性之外，就像舒伯特曾经主张的那样。

　　梦采用这种象征来表现伪装的梦念。因此，应用在这里的象征确实很多都经常意味着同样一件事，但我们必须牢记精神材料独特的可塑性。显梦中的象征常常可以不以象征来解析，而是和它固有的意思相一致。但在其他时候，做梦者必须处理特殊的记忆材料，也许可以把这个行为准则放进自己的手里，将任何事情都作为一种性象征，尽管它们通常与"性"无关。无论做梦者在什么地方为显梦表现从几种象征中进行选择，他都会赞成那个象征。另外，该象征客观上和做梦者的其他思想材料有关，也就是说，除了典型有效的那个，他会采用一种单独动机。

尽管从施尔纳的研究以来，越来越多的梦问题的研究已经明确证实了梦的象征的存在，就连哈夫洛克·埃利斯也承认梦确实充满了各种象征，但必须承认，梦中各种象征的存在不仅促进了梦的解析，而且也使梦的解析变得更难。就显梦中的象征元素来说，和做梦者的自由联想一致的解析技巧常常使我们处于困境中。因此，这些要被当作显梦中的象征元素，迫使我们采用了一种组合技巧，这一方面依赖做梦者的联想；另一方面通过解梦者对这些象征的理解弥补缺失的部分。为了压制解梦中对随意性的指责，在解释这些象征时必须格外慎重，同时必须仔细研究特别明晰的梦例中的象征。作为解梦者，我们的工作仍存在不确定性，一部分是因为我们的知识不完善（不过，这可以逐步提高），另一部分是因为梦的象征本身的某些特征，这些象征常常有各种各样的意思。因此，就像中国字一样，只有根据上下文，才能提供正确的意思。这种象征的多重意义和承认梦具有多重性解释有关，在同样内容中可以表现出各种不同的愿望冲动和思想构成，常常具有极不相同的特征。

在这些限制和保留之后，我要继续讨论。在大多数情况下，皇帝和皇后（国王和王后）其实是代表做梦者的父母；做梦者本人则是王子或公主。但是，授予皇帝的高度权威也同样授予伟人。因此，在一些梦中，歌德就是以父亲的象征出现。所有细长的物体，如木棍、树干、雨伞（因为可以打开，所以可比作勃起），和所有锋利细长的武器，如刀子、匕首和长矛，都代表男性生殖器。另外有一个常见，但并非完全理解的象征——指甲锉（也许和搓来搓去有关）。小盒子、衣橱、食橱和烤炉相当于女性的子宫，还有洞穴、轮船和各种容器也是这种象征。梦中的房子常常代表女人。对各种不同进出口的描述几乎无法让我们怀疑这种解析。对房间是开着还是锁着的兴趣在这方面是容易理解的（参见《一个癔症案例的分析片段》中的杜拉之梦）。至于打开房间的那种钥匙，则无须明示。乌兰德在他的诗歌《艾伯斯坦伯爵》中非常得体地采用了"锁和匙"的象征。走过一排房间的梦象征妓院或后宫。但是，通过一个绝妙的例子，萨克斯已经表明，它也可以用来象征婚姻（作为对立面）。当做梦者梦见先前的一个房间变成了两个房间，或者梦见房子里的一个熟悉房间分成了两个（或反过来）时，这与童年时期对性的好奇有关。根据幼儿期泄殖腔理论，在童年时期，女性生殖器和肛门（"屁股"）被认为是一个单一的孔洞，后来才发现身体的这个区域包含两个不同的孔洞。陡坡、梯子和楼梯，以及沿着它们走上走下，都是表示性行为的象征。做梦者爬过光滑的墙壁，常常带着极大焦虑感从房子正面下来，相当于直立的人体。也许是在梦中重复爬到父母或保姆身上的童年回忆。"光滑"的墙壁是指男人。在焦虑梦中，一个人常常紧紧地抓住房子上的突出物。桌子（无论是遮盖的还是没有遮盖的）和木板也是指女人，也许是依靠对比，因为它们根本没有突出的轮廓。一般来说，根据语言关系，"木头"似乎代表女性的材料。"马德拉岛"这个词在葡萄牙语中是"木头"的意思。因为"床和木板"构成了婚姻，所以在梦中后者常常取代前者。

　　就实用性来说，性的代表观念被置换成了吃的观念。对于衣物，一顶女帽常常可以解析为男性生殖器。在男人的梦中，一个人常常发现领带是阴茎的象征。这不仅是因为领带垂在身体前面，具有男人的特征，而且是因为男人可以随意选择。至于这种象征的原物，大自然则禁止这种自由。梦里利用这种象征的人在领带上非常奢侈，而且收藏一整套。梦中出现的所有复杂机械和器具很可能代表生殖器（通常是男性生殖器），象征它和人类智慧一样孜孜不倦。所有武器和工具毫无疑问都是作为男性器官的象征，如犁铧、锤子、枪炮、左轮手枪、匕首、剑等。不难看出，梦中见到的许多风景，尤其是那些包含桥梁或大山（树木繁茂）的风景，都是用来说明生殖器的。马西诺夫斯基曾经收集了一组梦，做梦者通过绘画来解析自己的梦，以便描绘梦中出现的那些风景和地方。这些画清楚地说明了梦的显意和隐意之间的区别。它们看上去就像是平面图、地图等，但仔细研究，就可以看出它们代表人体、生殖器等。只有考虑之后，才能理解这个梦。最后，如果发现一些无法理解的新词语，可以猜想合成的成分是否具有性的意义。梦中的儿童也常常表示生殖器，因为男人和女人都习惯把他们的性器官爱称为"小男人""小女人""小东西"。斯特克尔将"小弟弟"恰当地称为阴茎。梦中和小孩子玩耍或打他，常常表示手淫。梦的工作通过秃顶、理发、掉牙和砍头来表示阉割。如果阴茎的常见象征两次或多次出现在梦中，就可以看作防止阉割的一种保证。梦中出现蜥蜴（它的尾巴如被拽掉，又会再长出来）也具有同样的意义。大多数在神话和民间传说中作为生殖器象征的动物，如鱼、蜗牛、猫、鼠、蛇等在梦中也起这种作用，尤其是蛇，它是男性生殖器最重要的象征。小动物和寄生虫是小孩子的替代物，比如不想要的弟弟或妹妹。受到寄生虫感染，常常相当于怀孕。飞艇作为最近的男性生殖器的一种象征值得一提，它之所以被利用，是因为和它的飞行有关，有时也和它的形状有关。斯特克尔曾经举了许多其他象征，通过例子加以说明，但还没有充分证实。这位学者的著作，尤其是他的书《梦的语言》包含解析象征的最丰富的材料，其中一些猜想经过研究证明是正确的，比如论死亡象征那节。因为斯特克尔缺乏批评思考，而且总是以偏概全，使他的解析可疑，难以适用，在利用他的著作时，必须格外谨慎。因此，我只限定自己提到他的几个例子。

根据斯特克尔的观点，梦中的左和右要从道德意义上去理解。"右边道路总是表示正义之路，左边道路则表示犯罪之路。因此，左可以表示同性恋、乱伦和性变态，而右则表示婚姻等。其意义总是由做梦者个人的道德观决定。"梦中的亲属通常代表生殖器。在这里，我只能证实儿子、女儿和妹妹具有这种意义——也就是，"小东西"可以采用。另外，已经证实的例子允许我们把妹妹看成乳房的象征，把弟弟看成较大乳房的象征。斯特克尔解析说，梦见追不上车子是后悔无法赶上年龄的差距，旅客行李是受到压迫的罪恶负担。但旅客行李常常被证明是自己生殖器的象征。斯特克尔曾经给常常在梦中出现的数字赋予一种固定的象征意义，但这些解析好像不仅没有充分证据，而且也不是完全正确，尽管在个别例子中它们常常被认为好像有道理。

不管怎样，已经充分证实，"3"这个数字是男性生殖器的象征。斯特克尔的其中一个结论提到生殖器象征的双重意义。他问："哪有一个象征（如果想象允许的话）不能同时用在男性器官和女性器官呢？"当然，括号里的从句取消了这个主张的大部分绝对特性，因为想象并不总是允许这种双重意义。尽管如此，我仍认为，根据我的经验，斯特克尔的这种概论需要用更长篇幅进行表达。除了那些常常用于男性生殖器和女性生殖器的象征外,还有一些象征主要或几乎专门选定一个性别。据我所知,有一些象征只具有男性或女性的意义。当然,想象不允许用又长又硬的物体和武器作为女性生殖器的象征,也不允许用中空的物体(衣橱、箱子等)作为男性生殖器的象征。

的确,梦和潜意识幻想采用两性的性象征的倾向,揭示了一种古老特性,因为童年时期不知道生殖器的差别,以为两性都有相同的生殖器。如果忘记一些梦中会发生两性普遍颠倒,男性器官表现为女性器官,女性器官表现为男性器官,两性象征的意义也可能会产生误导。例如,表达女人想变成男人的愿望的梦。

生殖器在梦中也可以由身体的其他部位表现:手或脚表示男性生殖器,嘴、耳朵甚至眼睛表示女性生殖器的洞口。人体的分泌物,如黏液、眼泪、尿、精液等在梦中可以交替使用。斯特克尔的这个陈述大体正确,但受到了里特勒激烈的批评。问题的要旨是,一种无关紧要的分泌物代替了重要的分泌物(如精液)。

这些不完整的暗示也许会有能力刺激其他人去进行更加辛勤的收集。我在《精神分析引论》中已经尝试对梦的象征进行更加详尽的叙述。

第六节　梦中的算术和演说

在着手界定支配梦形成的第四个因素的适当地位之前,我要列举自己收集的几个梦例,一部分是为了阐明我们已经熟悉的三种因素的相互合作;另一部分是为了给某些没有获得支持的主张援引证据,或者是为了说出从中得出的必要结论。当然,在前面叙述梦的工作中,很难用梦例来证明我的结论,只有总体考虑梦的解析的前后关系,支持各自独立陈述的梦例,才会有说服力。如果它们离开自己的前后关系,就会失去价值。另外,一个梦的解析,即使是不深刻,也会有千头万绪,使本来想阐明的讨论线索变得模糊。如果我现在着手把除了和前一章正文有关、没有任何共同点的各种事情混在一起,那么,这种技术上的因素一定会成为我的借口。

我们要首先考虑几个梦中的非常奇特或不同寻常的表现方式。一位女士做了下面这个梦:一位女佣正站在梯子上,好像是要擦窗户,还带有一只黑猩猩和一只猩猩猫(后来改正为安哥拉猫)。她把这两只动物向做梦者扔过来。黑猩猩偎依着她,而这非常令人厌恶。这个梦以一种非常简单的方法达到了目的,也就是,仅仅利用了词的字面形象,并根据词的字面意思表现出来。"猩猩"像通常的动物名一样,是用来骂人的话,梦中情境仅仅意味着"大声谩骂"。我们不久便会看到,在梦的工作中还会有更多同样的梦例采用这种简单技巧。

另一个梦继续以一种非常相似的方式进行:一个女人有一个脑壳显著变形的孩子,做梦者曾经听说这个孩子是因为胎位不正而发生了这种畸形。医生说,通过压缩脑壳可能会好看些,但是,这会损伤大脑。她认为,这是一个男孩,畸形不会造成太大痛苦。这个梦包含了对"童年印象"这个抽象概念的一种造型表现。在治疗过程中,做梦者对这个概念已经渐渐熟悉了。

在下列这个梦例中,梦的工作采取了一种稍微不同的做法。这个梦包含的是在格拉茨附近希尔姆泰克的一次游览的回忆:外面狂风暴雨,一座简陋的旅馆,水正从墙上滴滴答答落下来,那些床都很潮湿(梦的后面部分不如我表达的那样直接)。这个梦表示的是"过剩"的意思。起初,出现在梦念中的抽象思想被语言的某种滥用搞得模棱两可,也许被"泛滥""流动""过剩"所代替,后来又通过许多类似的印象来表现。屋外的水、屋里的水、湿透床单的水——一切都在流动,流动得"过剩"了。

在梦中,为了达到表现的目的,词的拼写远不如发音重要,这不应该让我们感到吃惊,因为我们记得,押韵也行使相似的特权。

语言有大量词汇可以随意支配,这些词原先使用时都有具体和形象的意义,但现在使用时都是以单调和抽象的方式,在某些其他情况下,曾经让梦表达思想变得毫不费力。梦必须做的只是回复这些词的完全意义,或者稍微追溯一下它们意思的变化。例如,一个男人梦见他的朋友正挣扎着从一个非常艰难的地方出来,向他大声求救。分析表明,那个艰难的地方是一个洞,做梦者对他的朋友象征性地使用了这些词:"小心,否则你就要进洞了。"另一个做梦者爬上一座山,从那里可以看到非常辽阔的风景。他把自己看成了弟弟,而他的弟弟正在编辑一篇有关远东的评论。

在《绿衣亨利》中的一个梦里,一匹精神饱满的马正在一块漂亮的燕麦田里四处奔腾,每一粒燕麦都是"一个甜杏仁、一颗葡萄干和一枚新便士,包裹在红丝绸里,用一根猪鬃捆着"。作者(或做梦者)马上解释了这个梦的意思,因为马感到自己很痒,就大声叫道:"那些燕麦正在刺着我。"

根据亨森的理论,在古代挪威人的传说中,梦中大量使用俗语和诙谐词句,而且梦里几乎都是双重意义或词语游戏。

要收集这些表现方式并根据那些原则对它们分类是一件非常特殊的任务。有些表现方式可以说非常机智。它们给人留下的印象就是,如果做梦者自己没有成功解释,那么谁也猜不到它们是什么意思。

一个男人梦见有人问他某人的名字,他却想不起来。他自己解释说,这意味着"我不应该梦见它"。

一位女患者叙述了一个梦,她梦见所有有关的人都非常高大。她补充说:"这意味着它一定和我童年的一件事有关,因为当时所有成年人在我看来都特别高大。"她自己并没有出现在梦中。

童年也可以换位,用不同方式在其他梦中表达——把时间转化为空间。梦中的人物和景象仿佛是在很远处,在漫漫长路的尽头,或者像是反拿小型双眼望远镜去看一样。

一个男人在现实生活中喜欢用抽象和模糊词句(但头脑清醒)。有一次他梦见到达火车站时,火车刚要进站。但是,后来却是站台移向火车,火车静止不动。这是真实事态的一次荒唐的倒置。这个细节只不过又是一个暗示,暗示梦中的另一件事一定是颠倒的。对这个梦的分析,使患者回想起了一些图画书,里面绘着一些头倒立用手走路的男人。

同一个做梦者有一次叙述了一个短梦,这个梦使人想起了猜字画谜的技巧——他的叔叔在一辆汽车上给了他一个吻。他立刻给了一个我们永远也不会想到的解析——这个梦意味着手淫。在现实生活中,这可能是当成笑话说的。

在新年庆祝晚会上,一位年轻律师的岳父发表了新年讲话:"当我打开旧年总账,看着它的账面时,发现资产那面应有尽有,感谢上帝,债务那面一无所有;所有你们这些孩子都是一笔巨大的资产,你们谁也不是债务。"听到这话,年轻律师想起了他妻子的弟弟。他的小舅子是一个骗子,习惯说谎,最近才从一场官司纠缠中脱身。那天夜里,在一个梦中，他又一次来到了新年庆祝晚会，并听到了那场讲话，或者更准确地说，看到了那场讲话。他的岳父没有讲话，而是打开了总账，在标明"资产"的那面，他从名字中看到了自己的名字，但在标明"债务"的那面却有小舅子的名字。然而，"债务"（liability）一词变成了"说谎能力"（lie ability），他把这看成小舅子的主要特征。

一个做梦者梦见自己给另一个人治疗骨折。分析表明，骨折象征破裂的婚姻誓约等。

在显梦中，一天的时间常常代表做梦者童年的某个时期。例如，凌晨5时15分对做梦者意味着5岁零3个月的年龄，这个时间点是有意义的，他的弟弟就是在那时出生的。

梦中表达年龄还有这样一种方法：一个女人和两个小女孩正在一起散步，两个小女孩的年龄相差15个月。做梦者想不起来有哪个熟人的家庭和这个有关。她自己解析为这两个孩子都代表她本人。这个梦使她想起了她童年时的两个创伤性事件：一件发生在她3岁半，另一件发生在她4岁零9个月。

如果接受心理分析治疗的人经常梦见治疗，被迫在梦中表达因治疗引起的种种思想和期望，那不足为奇。选择治疗的意象一般是旅行，通常是坐汽车，因为这是一种现代化的复杂交通工具。这时，汽车的速度给患者提供讽刺幽默的自由机会。如果作为清醒思想元素的潜意识要在梦中表现，它会被隐藏的地点恰如其分地代替，在其他时候，当和分析治疗无关时，这些地点则代表女性的身体或子宫。梦中"下面"常常指生殖器，"上面"则指脸、嘴或乳房。梦的工作通常用野兽来象征热情的冲动。做梦者害怕的这些冲动既有自己的，也有别人的。因此，只要稍一置换，野兽就变成了体验这些冲动的人。这一点和用猛兽、狗、野马等作为令人畏惧的父亲图腾表象相去不远。我们可以说，野兽适合代表反对自我害怕、压抑作用的原欲。即使神经官能症本身，病态人格也常常和做梦者分离开来，并作为独立人表现在梦中。

有人可能会说，为了梦念的表达，梦的工作会利用一切手段，不管这些手段是否得到现实批评的允许，从而使自己受到了对梦的解析仅仅道听途说的人的怀疑和嘲笑。但是，这些人从来没有实践过。斯特克尔的书《梦的语言》中这样的例子特别丰富，但我避免从这部著作中引用例证，因为作者缺乏关键的判断，而且他随心所欲的手法也会使没有偏见的读者感到可疑。

在用法语进行的一个分析中，我以一头大象的形象出现在做梦者的梦中。我自然要问为什么会以这种形象出现，做梦者回答："你在欺骗我（Vous me trompez）。"（trompe = trunk，是"象鼻"的意思）

梦的工作常常会强迫利用一些非常疏远的关系，成功地表现很难控制的材料，如一些专有名称。在我的一个梦中，老布律克曾经给我派了一项任务。我做了准备，并从中找出了看上去像是弄皱的锡纸（我在后文还会提到这个梦）。相关的联想是 Stanniol，由锡（stannum）这个词衍变而来，找到这个并不容易。现在我才知道自己想到的名字是 Stannius，这是我青少年时期非常崇敬的、研究鱼类神经系统解剖的一位学者的名字。我的老师派我做的第一项科学工作确实和一种鱼（鳃鳗幼体）的神经系统有关。显然，这个名字无法用在画谜中。

在这里，我不能不记下一个带有奇特内容的梦，因为作为儿童梦也值得注意，而且通过分析容易解释。一位女士告诉我说："我记得，我小时候反复梦见上帝头上戴着一顶圆锥形纸帽。家人常常让我在吃饭时戴上那种帽子，这样我就无法去看其他孩子的盘子，也看不见他们得到多少美味的食物。因为我曾经听说过上帝无所不知，所以这个梦就意味着我无所不知，尽管我被迫戴着那种帽子。"

可以表明，通过梦中出现的那些数字和计算，梦的工作的性质及处理其材料（梦念）的方式很有启发性。顺便说一下，常常有人迷信地认为，梦中的数字具有一种特殊的意义。因此，我要举几个自己收集的这种例子。

第一个梦，摘自一位女士结束治疗前不久做的梦。

她想为某些东西付账。她的女儿从她的钱包取出 3 弗罗林 65 克鲁斯。但是，她说："你在做什么？它只值 21 克鲁斯。"这个梦的片段无须进一步解释，就可以理解，因为我知道做梦者的情况。这位女士是一个外国人，她让女儿在维也纳上学，只要她的女儿留在城里，她就能继续接受我的治疗。再过 3 个星期，她的女儿这一学年就结束了，她的治疗到时候也要停止。做梦前的那天，校长问她是否能决定让孩子再上一年。于是，她显然想到，这样的话她就能再继续治疗一年。那么，这就是这个梦所指的意思，因为一年等于 365 天。该学年和治疗结束还剩下 3 个星期，等于 21 天（尽管治疗达不到这么多固定时间）。这些梦念中指时间期限的数字，在梦中指的是所给的钱的价值，同时具有一种更深的意义，即"时间就是金钱"。365 克鲁斯肯定是 3 弗罗林 65 克鲁斯。梦中出现的金额那么小，显然是一种愿望的满足。这个愿望已经减少了治疗费用和一年学费。

在第二个梦中，数字甚至涉及了更复杂的关系。

一位已经结婚几年的年轻女士听说一位和她几乎同龄的熟人埃莉斯刚刚订婚。于是，她就梦见：她和丈夫一起坐在剧院里，正厅前排座位的一边空无一人。她的丈夫告诉她说，埃莉斯和她的未婚夫也想到剧院来，但他们只能买到位置不好的座位，而且 3 张票价值 1 弗罗林 50 克鲁斯，所以他们当然不想买那些票。

这 1 弗罗林 50 克鲁斯的来源是什么呢？其实，是前一天发生的一件无关紧要的事。做梦者的嫂子收到了丈夫赠送的 150 弗罗林作为礼物，就买了一些珠宝匆匆花掉了。让我们值得注意的是，这 150 弗罗林是 1 弗罗林 50 克鲁斯的 100 倍。但是，和剧院座位有关的 3 又从何而来呢？这个唯一的联系就是，埃莉斯的未婚夫比她本人小 3 个月。当我们探知正厅前排座位的一边空无一人的意义后，这个梦就迎刃而解了。这个特征就是没有伪装地暗示一件小事。这件小事给了她的丈夫逗弄她的一个好借口。她早就决定要去剧院，而且提前几天就挂念着买票，还支付了订票费。当他们到达剧院时，发现剧院的一边几乎都是空的。因此，她确实不必要这样匆忙。

我现在要解析这个梦（以做梦者的视角）："结婚这么早确实没有意义。我根本没必要这样匆忙。从埃莉斯的例子，我明白我完全会得到一位丈夫，而且会好 100 倍，只要我等待（和做梦者的嫂子的匆忙相对），我的钱（嫁妆）可以买 3 个这样的男人！"我注意到，这个梦中的数字与前面提到的那个梦相比，意思和关系的改变程度要大得多。在这种情况下，这个梦的转换和变形活动会更大。这一点我可以解析为，梦念获得表现之前，必须克服一种非同寻常的灵魂中的阻力。而且不能忽视这个梦包含的一种荒谬元素，也就是两个人希望得到 3 个座位。如果我说显梦的这种荒唐细节是想表达梦念最受强调的成分："结婚这么早确实没有意义。"那就会说明梦中荒唐的问题。因此,出现在相互比较的两个人(年龄上相差 3 个月)之间相当次要关系中的数字"3",通过这个梦,巧妙地提出了荒谬念头。实际的 150 弗罗林减少为 1 弗罗林 50 克鲁斯,则符合做梦者压抑思想中对丈夫的轻视。

在第三个梦中,数字的计算可以说是漏洞百出。

一个男人梦见:他正坐在 B 家(B 家是他以前熟悉的一户人家),说:"你们不让我娶埃米是胡闹。"随后,他问那个女孩:"你多大了?"答:"我生于 1882 年。""啊,那你 28 岁了。"

因为这个梦发生于 1898 年,所以这显然是错误的算法。如果不能有其他方面的解释,那么,做梦者计算的无能就可以和全身瘫痪的人相比了。这个男人是那种看到女人就禁不住梦牵魂绕的男人。几个月来,排在他后面到我的诊室治疗的是一位年轻女士。他常常打听这位女士的情况,迫不及待地想给这位女士留下一个好印象。他估计这位女士有 28 岁。这就足以解释他表面计算的结果。而 1882 年正是他结婚的那一年。他也忍不住要和他在我的诊所见到的两个女人交谈(这是两个都不年轻的女佣),女佣常常轮流给他开门,而当他发现女佣都不是很热情时,他就对自己说,女佣也许把他当成不苟言笑的老年人了。

记住这些例子和后面要提到的类似性质的梦例,我就可以说,梦的工作根本不会计算,无论答案是否正确。这只是以总数的方式把梦念中出现的数字排在一起,这可以暗示不能容许用其他方法表达的材料。因此,它是把数字当作材料来表达目的的,就像处理所有其他观念和仅为语言意象的名称与讲话一样。

因为梦的工作无法创作新的讲话。无论有多少合理或荒唐的讲话可能出现在梦中,分析结果都向我们表明,梦就是从梦念中摘录真正说过或听过的讲话片段,并以最随意的方式加以处理。梦不仅把它们从前后关系中撕裂开来,搞得支离破碎,同时接受其中一部分,排斥另一部分,而且常常以一种新颖方式把它们组合在一起,因此一个看来前后连贯的讲话,经过分析,会分解成三四个部分。在这些词语的新的应用中,梦常常忽视它们在梦念中的意义,并从中汲取一种全新的意义。

如果更加仔细地查看,梦中讲话独特、简洁的成分就可以从其他连接材料中区别开来,而且可能起补充作用,就像我们在看书时补充一些遗漏的字母或音节一样。因此，梦中讲话具有角砾岩结构，各种不同种类的大块岩石通过凝固黏合剂固定在一起。

严格来说，这种描述只适用于那些带有几分感觉性质并被描述为言谈的梦中讲话。做梦者似乎不认为是听到或说出的其他言论（在梦中没有伴随的听觉或运动感觉），仅仅是出现在我们清醒状态中的种种思想，会毫不改变地进入我们的许多梦中。我们的阅读材料似乎也为各种梦的无关紧要的讲话材料提供一种丰富而不易追溯的来源。但是，任何在梦中显然作为言语呈现的东西，都可以和做梦者曾经说过或听过的实际讲话有关。

在为了其他目的分析梦的过程中，我已经发现了这种梦中言谈出处的例子。

在一个大院子里，正在烧着一具具尸体。做梦者说："我要走，我无法忍受这种景象。"（不是一个清晰的讲话）随后，他遇见屠夫的两个男孩，便问道："喂，这味道好闻吗？"其中一个回答说："不，不好闻，好像是人肉。"

这个梦的良性诱因如下：做梦者和妻子吃过晚饭后，去拜访一位邻居——很和善，却不受人欢迎的老太太。这位好客的老太太正在吃晚饭，并且非要（男人开玩笑时会用一个含有性意义的合成词来调侃这种情况）让他品尝不可。他婉言谢绝，说他没有任何胃口，老太太则说"你就吃吧，你肯定能吃下"诸如此类的话。因此，做梦者不得不尝了一口，并对他品尝的东西称赞道："味道不错！"当他又和妻子单独在一起时，他开始抱怨邻居强人所难，他品尝的食物味道并不好。"我无法忍受这种景象。"在梦中也不是以真实言谈出现，而是和请他吃东西的老太太的外貌有关的一种思想。这种说法可以解释为他根本不想看到老太太。

对另一个梦的分析更有启发性。我要在这个阶段引用，因为有一个非常明确的言谈构成了梦的核心，但要到评价梦中感情时才给予解释。我非常逼真地梦见：我夜里到布律克的实验室去，听到轻轻的敲门声，我给（已故的）弗利契教授开门。他和一群陌生人一起走了进来。说了几句话后，他就在自己的桌边坐下来。接着我又做了一个梦：7月，我的朋友F悄无声息地来到了维也纳。我在街上遇见他，他正和我（已故的）朋友P交谈。我和他们一块去了某个地方。他们面对面在一张看似小桌子的地方坐下来,我面对他们坐在桌子狭窄的那端。F 提起了他的妹妹,说:"她不到 45 分钟就死了,"然后又说了一句,"那是极限。"因为 P 不明白他的意思,所以 F 转向我,问我曾经告诉过 P 多少有关他的事。这时,我深受一些奇异感情的影响,尽力告诉 F 说,P(可能无法理解,因为他)已经死了。但是,我却说:"Non vixit(未曾活过)。"我发现自己说错了,于是,我密切注视着 P。在我的凝视下,他变得苍白、模糊,眼睛变成了暗蓝色,最后,他逐渐暗淡。我对这一点非常高兴,我现在意识到弗利契也只是一个幽灵、一个归魂(revenant)。我发现,只要有人希望这种人存在,他就很可能存在;只要另一个人希望他消失,他就可能会消失。

这个非常精彩的梦混合了许多显梦的神秘特征——我注意到自己的错误,说成了"Non vixit"(未曾活过)而不是"Non vivit"(已经死了),梦自身所做的批评,死去的人(梦本身认为他们已经死去)无拘无束的交往,我的结论的荒唐,以及它给予我的极端满足等。"我要献出自己的一生"来详细说明这个问题的全部解决办法。但是,在现实中,我无法做到我在梦里做的事,即为了我的雄心牺牲这样亲密的朋友。如果我试图掩饰那些事实,我非常熟悉的梦的真正意思就会遭到破坏。所以,我必须满足在这里和在后面阶段选择梦的几个元素,加以解析。

梦的中心是我用目光让 P 消失的那个情景。他的眼睛变得奇怪,呈神秘的蓝色,随后他就逐渐消失了。毫无疑问,这个情景是模仿了我实际经历过的一个场景。我曾经是生理研究所的示范员,早上就要上班。布律克听说我在指导学生实验时迟到了好几次。所以,一天早上,他在开门时到达那里,并等着我。他对我说的话简短中肯,但他说的话并不要紧。让我不安的是他的蓝眼睛的可怕凝视,在那种凝视面前,我无地自容,就像 P 在梦中那样,因为 P 在梦中和我交换了角色,这让我如释重负。任何人都忘不了布律克的眼睛,即使到了老年,仍然非常漂亮,所以任何看到他发怒的人都不难想象当时那个犯错的年轻人的情绪。

但是,过了好一阵子,我都无法解释我在梦中掠过的"Non vixit"的原因。最后,我才想起,之所以这两个词在梦中那样清晰,并不是因为听到或说过,而是因为看到。于是,我马上就知道了它们来自哪里。下列优美的文字刻在维也纳霍夫堡皇宫约瑟夫皇帝雕像的底座上:

Saluti Patriae Vixit

Non Diu Sed Totus

（为了祖国的利益，他活得不长，却全心全意。）

我引出这句碑文，正好符合梦念中的一连串敌意思想，这意味着："那个家伙对这件事无话可说，他确实没有活着。"我现在回想起来，我做这个梦，是弗利契的纪念碑在大学回廊揭幕的几天之后。当时，我又一次看到了布律克的纪念碑，定是（在潜意识中）为我那位才华横溢的朋友 P 感到遗憾，因为他一生献身科学，却不能在这些回廊中设立纪念碑，所以我就在梦中为他设立了这个纪念碑。约瑟夫又正好是 P 的洗礼名。

根据解梦规则，我仍没有理由用回忆中随意支配的约瑟夫纪念碑上的"Non vixit"，来取代我需要的"Non vivit"。梦念中的一些其他元素一定促成了这种可能性。现在，一些事引起了我的注意，那就是梦境中和我的朋友 P 有关的两串思想汇合在一起，一种是敌意的，另一种是深情的——前者明显，后者隐蔽，两者都以"Non vixit"这样的词语表现出来。我的朋友 P 有功于科学，我给他竖碑；他心怀恶毒的愿望（表现在梦的结尾），我就让他消失了。我在这里造了一个带有特殊韵律的句子，我这样做，一定是受了某种现有的范本影响。但是，我在哪里能找到一个相似的对句呢？就是对同一个人两种对立反应之间的一种相似的平行，两者既完全合理，却又互不影响。然而，只有一段文字给读者留下深刻的印象——莎士比亚的《尤利乌斯·恺撒》中布鲁特斯有一段自我辩护的讲话："恺撒爱我，所以我为他哭泣；他幸运，所以我对此高兴；他勇敢，所以我尊敬他；但是，他野心勃勃，所以我杀了他。"这些句子不是像梦念中一样有相同的语言结构和相同的思想对比吗？因此，我在梦中扮演着布鲁特斯的角色。我要是能在梦念中找到另一个平行的关系来证实这一点该多好！我想这个关系可能是："7 月，我的朋友 F 悄无声息地来到了维也纳。"这个细节实际上不是真的。据我所知，我的朋友 F 从来没有在 7 月到过维也纳。但是，7 月（July）是以尤利乌斯·恺撒（Julius Caesar）命名的，因此这很可能对我要扮演布鲁特斯这个角色的中介思想提供了必要的暗示。

奇怪的是，我确实曾经扮演过布鲁特斯这个角色。我14岁那年，在一群孩子面前出演了席勒诗剧中布鲁特斯和恺撒之间的一场戏，比我大一岁的侄子协助我演出，他从英国来看望我们，所以他也是一个"归魂"，因为他是我童年的玩伴。到我3岁时，我们已经形影不离了，我们彼此相爱，也互相打架。像我已经暗示的那样，这种童年关系已经决定了我以后和同龄人交往的所有感情。从那时起，我的侄子约翰就有了许多化身。这些化身显露出他的性格的一个又一个方面，但他的性格在我的潜意识中却根深蒂固。他有时会粗暴地对待我，而我一定勇敢地反对过这个"暴君"，因为我的父亲责问过我："你为什么打约翰？"我用一句简短的话为自己辩护："我打他，是因为他打我。"一定是童年的这个景象使我把"Non vivit"变成了"Non vixit"，在童年时期的语言中，"wichsen"是打击的意思，而它的发音与"vixit"相近，梦的工作并不会拒绝利用这种联想。其实，我对朋友P的敌意毫无理由——他比我强得多，所以可能是我童年玩伴的一个新版本。这肯定可以追溯到童年时我和约翰的复杂关系。在下文中，我还会再提到这个梦。

第七节　梦中的感情

我注意到，梦中的感情表达不容轻视，因为我们醒来之后常常忘记显梦。如果我在梦中害怕强盗，当然那些强盗都是想象的，但害怕他们却是真的。如果我在梦中感到开心，情况也是一样。我们的感觉证明，梦中体验的一种感情绝不亚于清醒状态中体验到的感情强度。梦迫切要求通过其感情内容，而不是观念内容，来作为我们真实精神体验的一部分。在清醒状态中，我们不能把它包括在内，因为如果没有观念内容上的联系，我们不知道如何对感情进行精神上的评价。如果感情和观念的性质或强度不相配合，我们清醒状态的判断就会变得混乱。

梦中的观念内容并不一定产生我们清醒状态中盼望的那种感情结果，因为它的必然结果总是让人惊讶。斯顿培尔曾经宣称，梦中的意念被剥夺了精神价值。但是，梦中也不乏相反的例子。其实，感情的强烈表现在一个内容中出现时，这个内容似乎提供不了任何诱因。在梦中，我也许会处在一个可怕、危险或反感的境地，但我根本不感到恐惧或厌恶。相反，我有时对一些无害的东西会感到恐惧，或对一些幼稚的事情感到高兴。

如果从梦的显意进入梦的隐意,这个梦的问题就可能会比任何其他的梦的问题消失得更突然、更彻底。因此,我们不必再解释,因为它将不复存在。分析告诉我们,观念内容已经发生了移植和替换,而那些感情则保持不变。所以,通过梦的变形,已经发生改变的观念内容和保持完整的感情不再吻合,不足为奇;而通过分析把正确内容放回原处,也不足为奇。

在受到抵抗的审查制度影响的精神情结中,那些感情是坚定的构成要素。只有这个要素,才能指导我们加以正确完善。这种情势在神经官能症中要比梦中展现得更清晰。此时,感情至少在质的方面始终是适当的。当然,其强度可能会因为神经官能症注意力的移植而增加。当癔症患者因对一件小事害怕而惊奇,或者当强迫症患者因对纯属子虚乌有的痛苦自责而惊讶时,他们都会出错,把观念内容(琐碎小事、纯属子虚乌有)看成本质的东西,而且他们的抗争也是徒然的,因为他们把这种观念内容当成了他们思想工作的起点。然而,心理分析可以让他们走上正路,认识到感情本来正当,并要寻找已受到替换作用抑制的观念。我们需要假定的前提是,感情释放和观念内容并不构成我们常常认为的不可分割的有机统一,但这两个部分可以连为一体,所以分析后会使它们分离。梦的解析表明,事实的确如此。

首先,我要举一个梦例,其中应该迫使感情释放的观念内容却明显缺乏感情。我在分析中对此进行了解释。

第一个梦

做梦者在沙漠中看到三头狮子,其中一头正在大笑,而她并不害怕它们。不过,后来她一定是从它们身边逃开了,因为她正在尽力爬一棵树。但是,她发现她那个当法语老师的表姐已经爬上了那棵树。

通过分析,得出下列材料:梦中无关紧要的诱因是做梦者英语练习中的一个句子:"狮子最伟大的装饰品就是它的鬃毛。"她的父亲过去常常留着络腮胡子,围在脸上就像狮子的鬃毛一样。她的英文老师名叫莱昂斯(Lyons 的发音近似"狮子")。一位熟人把洛伊(Loewe,德语为"狮子"的意思)的民歌集寄给了她。那么,这就是梦中三头狮子的来历。她为什么要害怕它们呢?她曾经看过一篇故事,故事叙述的是一个煽动同伴们造反的黑人因大猎犬追赶而爬上一棵树自救。随后，出现了她眉飞色舞回忆的片段，比如《飞叶》中有下列捕捉狮子的说明："取一片沙漠，把它放在筛子上筛，那些狮子就会留下来。"还有一则非常有趣，但不是很得体的逸事：有人问一位官员，他为什么不再努力赢得上司的青睐。他回答说，他一直在努力巴结，但他的顶头上司已经在上面了。得知做梦当天，这位女士曾经接受过丈夫上司的访问，整个梦就可以理解了。上司对她很有礼貌，而且吻了她的手。尽管上司是一位"名人"，在她那个国家的首都扮演"社会名流"的角色，但她一点也不怕上司。所以，这头狮子就像《仲夏夜之梦》中的狮子一样，原来是一位志同道合者。所有梦见狮子而不害怕的人都是这样。

第二个梦

作为第二个例子，我要引用一位女孩的梦：她梦见她姐姐的儿子死去，躺在棺材里。但要补充的是，她一点也不感到痛苦和伤心。我们通过分析可以知道她为什么无动于衷。这个梦不过是掩饰她想再次见到她爱的男人的愿望，感情必须和愿望（而不是和伪装）相协调。因此，没有任何原因悲伤。

在许多梦中，感情至少和观念内容保持联系，因为观念内容已经取代了真正属于它的内容。在其他梦中，情结的分离更进了一步。感情和属于它的意念完全分离，而在梦的其他地方出现，与梦元素的新布局相吻合。我们已经看到同样的事情会发生在梦中的判断行为上。如果一个重要推论发生在梦念中，那么梦中也会有一个。但是，梦中的推论可能移植到完全不同的材料上。这种移植常常是根据对立的原则才能实现。

我要通过第三个梦例来阐明后者的这种可能。这是我曾经进行的最详尽的解析。

第三个梦

靠近海边的一座城堡。后来，它不直接坐落在海岸上，而是坐落在一条通向大海的狭窄运河上。城堡司令官是P先生。我和他一起站在有三扇窗户的大客厅里，窗户前面是一道墙的突起物，就像堡垒的防卫墙似的。我属于驻地部队，也许是一位志愿海军军官。我们害怕敌人军舰到来，因为我们正处在战争状态。P先生想离开城堡。他指示我，如果我们担心的事到来，就必须做什么。他生病的妻子和孩子都在这危机四伏的城堡里。轰炸一开始，大厅就要撤空。他呼吸粗重，想设法逃脱。我拦住他，问他万一有需要，我要如何给他送信。他又说了几句话，随后马上就倒地身亡了。我的问题可能给他增加了不必要的负担。他死后，没有给我留下更深的印象，我考虑那位寡妇是否要留在城堡里，我是否要把他的死讯报告给更高的司令官，我作为第二长官是否要接管城堡。此时，我站在窗边，仔细察看过往的那些船只。它们都是一些货船，疾驶过黑暗的水面，好几艘船竖有几道烟囱，另几艘建有突出的甲板（这些甲板很像序梦中的那些火车站，但这个序梦没有在这里叙述）。随后，我的弟弟站到我的身边，我们俩望着窗外的运河。看到一艘船时，我们惊慌失措，大声叫道："军舰来了！"然而，最后证明它仅仅是我们之前看到的船在返航。这时又来了一艘小船，船在中间位置被截断了，可以看到甲板上有一些杯状或小盒状的奇怪东西。我们齐声喊道："那是早餐船！"

  船的飞快移动、水的深蓝色、烟囱冒出的褐色烟雾——所有这一切都混合在一起，产生了一种紧张、阴沉的印象。

  梦中的地点是我几次到亚得里亚海沿岸（米兰梅尔、杜伊诺、威尼斯、阿奎莱亚）旅行汇编而来的。做梦前的几个星期，我和弟弟到亚得里亚海沿岸进行的短暂愉快的复活节旅行，我仍然记忆犹新。这个梦也暗示美国和西班牙之间的海战，以及由此引发的我对美国亲戚的命运的担忧。梦中有两个地方出现了感情表现形式。一个地方是应有感情，却没有发生，特别突出的是，城堡司令官之死没有给我留下任何印象。另一个地方是，当我看到那些军舰时，胆战心惊，然后在睡梦中体验到了所有的恐惧感。在这个结构完善的梦中，感情的分布非常巧妙，避免了所有明显的矛盾。我对司令官之死没有任何理由要胆战心惊，而作为城堡指挥官，看到那艘军舰，我感到惊慌，倒是应该的。现在分析表明，P先生只不过是我自己的一个替代品（在梦中，我则是他的替代品），我就是那个猝死的城堡司令官。梦念与我担心自己过早去世后的家庭未来有关，这是梦念中唯一让我痛苦的思想。看到军舰就惊慌，一定是从梦念转移到了这个痛苦的思想。然而分析表明，源自军舰的那些梦念却充满了最愉快的回忆。做梦前一年在威尼斯，一个美丽迷人的白天，我们站在位于希尔奥冯尼河岸上的房间的窗前，眺望着蓝色的湖面，只见湖上的船只比平常多。我们盼望英国船只到来，准备隆重接待。突然，我的妻子像孩子似的快乐地喊道："英国军舰来了！"在梦中，我对同样的话胆战心惊。可以又一次看到，梦中的言语来自现实生活中的言语。我马上就要说明，这个言语中的"英国"元素也没有错过梦的工作。因此，在梦念和显梦之间，我把欢乐变成了恐惧。我只需要指出，通过这种转换，我表达出了一部分梦念中的内容。然而，这个例子也说明了梦的工作能随意地把感情诱因和梦念中的联系分离，并插入显梦中它选择的任何地方。

我要借这个机会，在这里顺便更加详细地分析一下"早餐船"。它在梦中的出现，使曾经保持合理的情境得出了荒谬结论。如果我更加仔细地观察这个梦中物体，我对它事后呈黑色这个事实印象深刻。而且因为在最宽船梁处截断，所以截断那端和伊特鲁里亚博物馆里曾经引起我兴趣的一个物体极为相似。这个物体是一个长方形双柄黑陶盘盂，上面立着咖啡杯或茶杯一样的东西，非常像现代早餐桌上的餐具。经过询问后，我得知这是一位伊特鲁里亚女士的梳妆用具，还带有一些放胭脂和香粉的小盒子。我开玩笑地说，把这样一件东西带回家给太太倒是一个不错的主意。因此，梦中物体表示"黑色女服"或丧服，而且直接指死亡。梦中物体的另一端，使我想起了葬船，古代人把尸体放在船上，然后葬入海中。这和梦中船只返航联系了起来：坐在得救的船上，老人静静地驶回了海港。（席勒《生与死》）

这是轮船失事后的返航（Schiffbruck 在德语中意为"船难"），早餐船看上去好像在船中部折断一样。但是，"早餐船"这个名字来自哪里呢？这是源自在军舰前曾经漏掉的"英国"。早餐（breakfast）意为打破禁食（breaking of the fast）。打破（breaking）又一次和船难（Schiffbruch）有了关联，而禁食（fast）则和黑色（丧服）有了联系。

但是，只有"早餐船"这个名字是在梦中新造的。确实存在过这种事，而使我想起了上次旅行时发生的最快乐的一件事。因为我们不相信阿奎莱亚的伙食，所以就从格里齐亚随身带了一些食物，并买了一瓶上好的伊斯特拉葡萄酒。而当这艘小邮轮慢慢地驶过代勒密运河，开向格拉多时，我们在甲板上兴高采烈地吃起了早餐（只有我们两名乘客）。我们的早餐很少吃得这样有滋有味。因此，这就是"早餐船"。而正是在这最快乐的记忆背后,这个梦隐藏着对神秘未来的担忧。

感情和引起感情释放的那些思想分离是梦的形成中出现的最鲜明的事情,但在它们从梦念转为显梦的过程中,这既不是唯一,也不是最基本的变化。如果将梦念中的感情和梦中的感情相比较,有一件事马上就可以看出来:只要梦中出现了感情,梦念中也就可以发现。然而,反过来却不可以。一般来说,梦在感情上没有由此产生的精神材料丰富。当我再现那些梦念时,我看到最强烈的精神冲动一直在不断努力地想出风头,通常和强烈反对它们的其他冲动发生冲突。现在,如果再回头看这个梦,我常常会发现它没有色彩,完全没有任何强烈的情调。梦的工作常常不仅把内容,还把梦的思想情调降低到冷淡程度。我可以说,梦的工作已经达到了抑制感情的目的。例如,那个植物学专著的梦。它按我自己的意愿行动,以只适合我的方式安排自己的生活。由此产生的这个梦,听上去平淡无奇:"我写了一本某种植物的专著,这本书放在我的面前,我正在翻阅一页折叠的彩色图片,其中钉有干枯的植物标本。"这就像废弃战场的安宁,没有留下任何战乱的痕迹。

而事情最后也许会截然不同,栩栩如生的感情表达可能会进入梦中。但我们首先要考虑这个无可争辩的事实:许多梦似乎平淡无奇,但如果没有深情,绝不可能深入梦念之中。

对梦的工作期间的这种感情压抑,我在这里无法给予圆满的理论解释。这需要对感情理论和压抑机能进行非常仔细的调查研究。我在这里只能提到两点建议。因为其他原因,我不得不把感情发泄设想为一种针对身体内部的离心程序,类似于运动和分泌神经分布程序。就像在睡眠状态中一样,向外界的运动冲动传导似乎中止,睡眠期间潜意识思想唤起的离心感情也许会变得更加困难。在这种情况下,梦念过程中出现的感情冲动本身可能就很弱,所以那些进入梦中的感情也绝不会强。根据这种思想,感情的压抑绝不会是梦的工作的结果,而是睡眠状态的结果。这也许是真的,但不可能全是真的。我们必须记住,所有比较复杂的梦已经表明,都是各种冲突的精神力量之间相互妥协的结果。一方面,构成愿望的思想必须对抗审查制度;另一方面,我们常常看到,即使在潜意识的思想中,每一个联想都可以用到其对立面。因为所有这些联想都可以引起情感,所以,一般来说,如果我们把感情压抑看成抑制的结果——也就是，感情压抑是各种相反力量相互制止，审查制度对这些冲动进行压抑，那我们几乎不会误入歧途。因此，感情压抑是梦的审查制度的第二结果，就像梦的变形是第一结果一样。

我将在这里插入一间梦例，其中显梦的冷淡情调可以通过梦念的对抗作用加以解释。看到这个短梦，每个读者都可能会反感。

第四个梦

在一片高地上面好像有一间露天厕所，里面有一条很长的长凳，长凳的尽头有一个大洞。它的后缘覆盖着一堆堆厚厚的粪便，形状大小和新鲜度各不相同。长凳后面是一片灌木丛。我在长凳上小便。一道长长的尿流把所有东西都冲洗得一干二净。那一堆堆的粪便很容易就冲掉了，落入了洞中。不过，好像顶端还有什么东西留了下来。

为什么我在这个梦中体验不到任何反感呢？

因为分析显示，在梦的形成中，这个梦最愉快和最满意的思想曾经相互协作。在分析这个梦时，我马上想起了大力士赫拉克勒斯清洗的奥吉亚斯王的牛棚。我在梦中就是这个大力士。高地和灌木丛属于奥西湖，我的孩子现在正待在那里。我已经发现神经官能症的幼儿期病因，从而使自己的孩子避免得病。那条长凳（当然那个大洞除外）和一位有情有义的女患者送给我的一件家具完全一样。这使我想起了我的患者是多么尊敬我。就连粪便的陈列也可以有一种令人满意的解释。无论这多么让我反感，它都是意大利美丽土地的一件"礼物"，因为很多人都知道，一些意大利乡下的厕所设施都是这个样子。尿流把所有一切都冲净，无疑是暗指伟大的象征。格利佛就是这样扑灭了小人国的大火，当然，他因此引起了小人国皇后的不快。大师拉伯雷笔下的超人高康大也是用这种方式对巴黎人进行了报复。他跨骑在巴黎圣母院上，把自己的尿流洒向这座城市。我正是昨天上床睡觉前翻看了加尼尔为拉伯雷的著作画的插图。而且，奇怪的是，这里还有一个证据证明我就是那个超人。巴黎圣母院的平台是我在巴黎最喜欢的幽僻地方。在空闲的下午，我过去常常爬上大教堂的那些塔，在妖魔怪兽饰物之间爬来爬去。尿流使所有的粪便消失得那样快，使我想起了这句格言："它吹垮了它们。"我将来有一天要把这句话作为癔症疗法的标题。

现在要说一下这个梦的感情诱因。那是一个炎夏午后。傍晚时分，我作了癔症和性欲倒错之间关系的演讲。我要讲的内容让我非常不快，而且好像毫无价值。我百无聊赖，对自己的艰难工作毫无乐趣，渴望摆脱对人类龌龊之事的这种唠叨，想要回去看自己的孩子，然后去重游意大利的美景。我怀着这种心情，从演讲室走到一家咖啡馆，要了一点食物和饮料，因为我没有任何胃口。但是，一位听众和我同行。我喝咖啡、吃面包卷时，他请求和我坐在一起，开始对我说起了奉承话。他告诉我说，他从我这里学到了许多东西，现在以不同的眼光看待所有的一切，还说我已经净化了像奥吉亚斯王的牛棚似的错误与偏见。简而言之，他说，我是一个非常伟大的人。我当时的心情和他的赞歌格格不入。我和自己的反感作斗争，提前回家，以便摆脱他。我在入睡前翻看拉伯雷的书，并看了迈耶的名为《一个男孩的悲哀》的短篇小说。

这个梦源自这个材料，迈耶的小说提供了童年情景的回忆。白天的烦恼和厌恶情绪持续进入梦中，因为它可以允许为显梦提供几乎所有的材料。但是，我又产生了一种有力的、极端的、自我肯定的对立情绪，驱散了先前的情绪。梦必须采取这样一种形式，在同一材料中提供自惭形秽和夜郎自大的感情。这种妥协构成导致了一种意思含混的显梦。但由于这种相反情绪的相互抑制，也导致了一种冷淡情调。

根据愿望满足理论，如果没有这个对立却具有欢快情调的联想添加到厌恶的思想中，这个梦就不可能产生。因为痛苦的事情无意在梦中表现，我们白天思想的痛苦元素只有同时能够掩饰一种愿望的满足，才能进入我们的梦中。

除了接纳感情或把它们化为乌有，梦的工作还能用另一种方法处理梦念中的感情，那就是把它们变为它们的对立面。我们熟悉解梦规则，为了解析，梦中的每个元素都可能代表其本身和对立面。我们从来不能事先知道要安置哪一个，只有前后关系，才能决定这一点。显然，一般人都会怀疑这种情势。解梦书在解析时常常根据反面原则进行。这之所以能把事情转为对立面，是因为在我们的思想中一件事的观念常常和其对立面的观念相关。像所有其他移植一样，这也为审查制度的目的服务，但它常常是愿望的满足的工作，因为愿望的满足不过是用受欢迎的事情来代替不受欢迎的事情。就像具体意象在我们的梦中可以转化为它们的对立面一样，梦念的感情也是如此。这种感情的倒置可能常常由梦的审查制度完成。甚至在社会生活中，感情的压抑和颠倒也是有用的，因为通过梦的审查制度，熟悉的类比显示出来，尤其是伪装的行为。如果我正和一个我必须表示尊重，同时又想称为敌人的人谈话，我掩饰自己的感情流露，可以说要比缓和表达思想的言语更重要。如果我对说话时用的是谦恭话语，而表情或姿态却是仇恨和蔑视，那我给他留下的印象和我对他进行彻头彻尾的鄙视没有什么两样。所以，审查制度命令我要压抑自己的感情。我如果是一名伪装艺术大师，那么就能虚伪地展示相反的感情——我想生气时面带微笑，想毁灭一个人时假装情意绵绵。

我曾经举过梦的审查制度中感情倒置的一个极好的例子。在有关我叔叔的梦中，我对朋友 R 怀有深情，而梦念却责骂他是傻瓜。从这个感情倒置的例子，我第一次证明了审查制度的存在。即使在这里，也不必要假设梦的工作创造了这种完全新颖的相反感情。这种感情常常潜伏在梦念的材料中，而且只是利用防卫动机的精神力量进行强化，直到它能在梦的形成中占据优势。在有关我叔叔的梦中，那个充满深情的相反感情也许来自幼儿时期（梦的后续部分已经暗示了），因为我童年早期经历的特殊性质，叔叔与侄子的关系已经成为我所有的友谊和仇恨的来源。

费伦齐曾经记录了这样一个感情颠倒的极好梦例。

一位老先生在夜里被妻子唤醒，他的妻子非常害怕，因为他在睡眠中无法控制地放声大笑。随后，这个人就叙述了他做的下面这个梦：我躺在床上，我认识的一位先生走了进来。我想打开灯，却打不开。我尝试了一遍又一遍，但都无济于事。于是，我的妻子钻出被窝来帮助我，但她也无法打开。因为她穿着长睡衣在那位先生面前不好意思，所以最后也放弃了，回到了床上。所有这一切都非常可笑，我忍不住大笑起来。我的妻子说："你在笑什么？你在笑什么？"但是，我还是一直大笑，直到醒来。第二天，那个人非常沮丧，而且感到头痛。他想："因为笑得太多了，所以把我给笑醒了。"

分析认为，这个梦似乎并不可笑。在梦念中，进入房间的那位"熟悉的先生"是代表"伟大的先知"的死亡意象，这是前一天在他脑海中唤起的意象。这位患动脉硬化症的老先生完全有理由在做梦前那天想到死亡。无法控制的大笑则代替了他必须死亡而想到的哭泣和哽咽。他无法再打开的是生命之灯。这种悲哀的思想也许和无法发生性行为有关。

不久之前，他曾经尝试过，尽管妻子穿着长睡衣协助他，也无济于事。他知道自己已经在走下坡路了。梦的工作知道如何把阳痿和死亡的悲哀思想变成滑稽的景象，把哽咽变成大笑。

有一类梦具有特别要求，被称为"伪善梦"，而且是对愿望满足理论的严峻考验。当希尔费丁医生把罗塞格记录的一个梦交由维也纳心理分析学会讨论时，才引起了我的注意。

罗塞格在《解雇》第六卷中写了如下这个故事：

我通常享有健康的睡眠，但许多个夜晚我却睡不着觉。除了作为学生和文人的朴素生活，我多年来无法挣脱一个真正的裁缝生活的影子，就像我无法脱离的幽灵一样。

在白天，我并不会强烈地想到过去。一个脱离世俗外衣、想惊天动地的人，还有其他事情要考虑。当我还是一个快乐的年轻人时，几乎没有去想过自己晚上做的梦。只是在养成思想的习惯后，或者是在内心的世俗气稍微开始抬头后，我才突然意识到，在梦中，我总是一个裁缝雇工。我以那种身份已经在师傅的店里工作了很长时间，从来没有拿过工资。我坐在他身边缝纫熨烫时，完全意识到自己不再属于这里。作为一名市民，我还有很多其他的事情要做。但是，我总是在度假或到乡下去。于是，我坐在师傅身边帮助他。我对此常常感到很不舒服，后悔浪费时间，因为我本可以用这些时间做更好、更有用的事情。如果测量和裁剪不太准，我就要忍受师傅的责骂，可我从来没有提到工资问题。我常常弯腰坐在黑暗的缝纫店，想告诉师傅我要离开。有一次，我确实那样做了，但师傅毫不理会我。于是，我又坐在他的身边，缝纫起来。

在这些疲倦的时刻之后，我醒来时是多么开心！于是，我决定，如果这种梦再次出现，我要狠狠地甩开它，大声说道："这不过是一种错觉，我正躺在床上，想要睡觉。"而第二天夜里，我梦见自己又一次坐在裁缝店里。

于是，这个梦持续了好几年，具有可怕的规律性。有一次，我和师傅在阿尔贝霍夫家（我开始学徒时寄住的农夫家）工作，刚好师傅对我的工作特别不满意。"我想知道你的思想到底到哪里去了？"他大声叫道，然后脸色阴沉地看着我。我想要做的最明智的事情就是起来对师傅解释，我和他一起工作只是一种偏爱，然后扬长而去。但是，我没有这样做。当师傅雇用一名学徒,并命令我为他腾出空位时,我甚至言听计从,挪到了角落,然后继续缝纫起来。同一天,师傅又雇用了一名学徒,这是一个心地狭隘的家伙。他是波西米亚人,19年前曾经为我们工作过,后来在从酒吧回家的路上掉进了湖里。当他想设法坐下来时,已经没有空位了。我用探询的目光看着师傅,他对我说:"你对裁缝根本没有天分。你可以走了。从今以后,你就是路人了。"我当时非常害怕,一下子惊醒过来。

灰蒙蒙的晨曦,透过没挂窗帘的窗户,照进了我熟悉的家。艺术著作围绕着我,雅致大方的书柜中摆着永恒的荷马、伟大的但丁、无与伦比的莎士比亚、光芒四射的歌德,他们都是光辉灿烂、流芳百世。隔壁房间传来孩子嘹亮可爱的声音。他们已经醒来,正在对他们的母亲说话。我感到自己又重新找到了那种田园诗般甜蜜、平静、诗意的精神生活,这是我常常沉思的人生快乐。然而,我苦恼的是,我没有向师傅辞职,而是被他解雇了。

这对我来说,好像是不同寻常的:自从那天夜里师傅把我"看成路人"后,我就享受到了宁静的睡眠,不再梦见当裁缝的日子,那些日子已经成了遥远的过去。那种不露锋芒的朴素生活确实令人愉快,但仍在我后来的人生岁月中投下了一道长长的阴影。

在早年当过裁缝雇工的作家的这一系列梦中,很难认出愿望的满足在起支配作用。所有愉快的事情都发生在他的清醒状态中,而晚上做的梦总是笼罩在不愉快的生活的阴影中。我自己做的类似性质的梦能使我对这种梦作一些解释。当我还是年轻医生时,曾经在化学研究所工作了很长时间,但在那种要求极高的科学中一事无成。所以,在清醒状态中,我从来没有回忆过这种没有结果、又有些丢脸的学生时代。另外,我常常做一些梦:我正在实验室工作,进行分析、实验,等等。这些梦像考试梦一样令人不快,而且它们从来都是模糊不清的。在分析其中一个梦时,我注意到了"分析"这个词,它给了我了解这些梦的钥匙。从那以后,我就变成了一名"分析家"。我常常进行分析,这种分析(当然是心理分析)受到了极大赞扬。现在,我明白,我在清醒状态中对这些分析感到自豪,并吹嘘自己的成就时,夜间做的那些梦就会提醒我其他那些不成功的分析。所以,我对那些分析根本没有理由自豪。它们是暴发户的惩罚梦,就像那个成为著名作家的裁缝雇工的梦一样。但是,在和暴发户的自豪感发生冲突时,一个梦怎么可能听从自我批评的吩咐,并将其内容当成一种合理的警告,而不是一种禁止的愿望呢?我曾经暗示过,这个问题的解答呈现许多困难。我们也许可以推断,这个梦的基础包括一种野心勃勃的自大幻想。但是,在替代时,只有抑制和自贬到达了显梦。我们必须记住,精神生活中有性受虐的种种倾向,这也许造成了一种倒置。我不反对把这些梦命名为惩罚梦,以和愿望梦区分开来。我看迄今提出的梦理论并没有什么局限性,仅仅是对"相反的事物合在一起让人感到奇怪"这种观点的口头让步。但对这类梦进行更彻底的研究时,我发现了另一个元素。在实验室梦的一个模糊的次要部分中,我正处在专业生涯最悲观、最不成功的年龄。我还没有任何职位,而且不知道要怎么养活自己。这时,我突然发现有好几个女人可供自己选择结婚!因此,我又年轻了起来,更重要的是,一个女人也年轻了起来——她曾经和我共度了所有艰难的岁月。这样,不断折磨垂暮之人内心的其中一个愿望被揭示为这个梦的潜意识诱因。这种心灵上虚荣与自我批评之间进行的激烈冲突,确实已经决定了显梦。但只有向往年轻的更深的愿望才可能成为梦。即使在清醒状态,我们也会常常对自己说:"现在的一切事情都很顺利,而以前的日子则很苦。但是,过去那些日子也有甜蜜的,毕竟当时还非常年轻。"

另一类我常常亲自体验,并认为是虚伪的显梦,就是和一些久已断交的人重归于好。分析常常发现,总有原因促使我和以前这些朋友彻底断交,并把他们看成陌生人和敌人。而在梦中却选择描述相反的关系。

在考虑小说家或诗人记录的这些梦时,我们常常可以设想,他已经从这些记录中排除了那些他们认为正在干扰或无关紧要的细节。因此,如果我们准确再现显梦,他们的这些梦就能让我们很容易解决问题。

奥托·兰克曾经提醒我注意,格林童话中勇敢的小裁缝就具有非常类似的暴发户的梦。一天夜里,那个成为英雄、娶了国王女儿的小裁缝躺在公主(他的妻子)身边,梦见了他过去的手艺。第二天夜里,公主起了疑心,就把武士安排在能够听到做梦者说梦话的地方,准备将他逮捕。但是,小裁缝事先得到了警告,所以纠正了自己的梦。

梦念中的感情经过删除、缩减和倒置这些复杂过程,终于变成了梦中的感情，这些过程可以很好地在完全分析后合成的梦中保存下来。我要在这里讨论几个梦中感情显示的例子，我想它们可以证明这一点。

第五个梦

在老布律克分派我的奇怪任务（解剖我自己的骨盆）的梦中，我意识到在这个梦中没有感到应有的恐惧。这是一种多重意义的愿望的满足。解剖意味着我似乎通过出版这本解梦书进行的自我分析。其实，我发现这样做非常痛苦，所以我将完成的手稿推迟了一年多付印。此刻产生了一种愿望，认为我也许可以不理会这种反感情绪。因此，我在梦中丝毫不感到恐惧（grauen）。我也很想避免另一种意义的 grauen，因为我的头发已经变得相当灰白（grauen 在德语中也有"灰色"的意思）。在这个梦的结尾，这种思想获得了如下说明："我必须让子女没有我的帮助到达艰难旅程的目的地。"

在两个将满足之情转移到清醒状态的梦例中，之所以在第一个梦例中促成这种满足，是因为我期望自己现在要弄清楚"我曾经梦见这个"这句话是什么意思，实际上这是指我的第一个孩子的诞生。之所以在第二个梦例中促成这种满足，是因为我深信"曾经预兆的一切"现在就要变成现实。这种满足就是第二个孩子降生时，我感到的那种满足。在梦念中起支配作用的感情已经留在了梦中。但是，其过程在任何梦中都不会如此简单。如果更进一步地分析这两个梦例，就会看到没有服从审查制度的满足得到了另一来源的强化。这另一来源一定害怕审查制度，如果它的感情没有通过容易承认的满足之情进行自我掩饰，悄悄地潜入梦中，肯定会引起反对意见。不幸的是，我无法在真实梦中说明这一点，但另一种情境的例子会让人理解我的意思。假如我身边有一个我非常憎恨的人，他要是发生什么不幸的事，我就会有一种想欢欣鼓舞的强烈冲动。但是，我性格中的道德不会向这种冲动让步。我不敢表达这种阴险的愿望。每当他遭遇不该发生的事情，我就会抑制自己的满足之情，并强迫自己表达出同情之意。每个人都会在某个时候处于这种状态。但是，现在那个可恨的人做了一件违法之事，会咎由自取、罪有应得。这时，我会对他得到正义的惩罚而表达自己的满足之情。我要表达一种意见，这种意见和其他不偏不倚的人的意见不谋而合。但是，我观察到自己的满足证明要比别人的更强烈，因为它已经得到了另一来源（我的憎恨）

的强化，至今内心审查制度阻止提供那种感情，但情况一变，它就不再阻止了。当格格不入的人或不受欢迎的少数人因犯罪而内疚时，这种情况在社交生活中也常常发生。他们受到的惩罚常常和他们的罪行不相称，而是他们的罪行和恶意相称。那些惩罚他们的人毫无疑问是不公正的，但因为他们心中长期的压抑得到了释放，所以没有意识到这一点。在这种情况下，感情的质量合理，但其程度却不合理。在第一点上已经得到满足的自我批评，对第二点却非常容易疏于防范。一旦你打开那些门，更多的人就会进来，这要比你原来想放进来的人多。

神经官能症性格的一个显著特征——可以引起感情的种种原因会产生质上正当、数上过量的结果，在心理学解释的许可范围内可以作出这样的解释。但是，这种感情过度来自潜意识和至今受到压抑的感情来源。这些感情来源能够和真正的原因建立一种联想关系，对感情释放来说，没有异议的、得到许可的感情来源会打开那条渴望的道路。因此，我们注意到，相互压制的关系并不一定被看作受抑制的精神制度和抑制的精神制度之间获得的唯一关系。两种制度通过相互合作和强化产生一种病理上的结果，同样值得注意。这些精神机制的提示将有助于我们理解梦中感情的表达。一种在梦中出现、在梦念中也不难找到适当地位的满足，不一定能通过这种证明得到完全解释。如果它不能通过第一个梦来源的存在将满足感情从压抑中释放出来，并强化另一来源出现的满足，通常就有必要在梦念中寻找另一来源，因为审查制度的压力依靠这个来源。在这个压力下，这个来源产生的效果不是满足，而是相反的感情。因此，出现在梦中的感情似乎是由好几个支流汇合而成，而且梦念材料受到多重性决定。在梦的工作中，能够提供同样感情的种种来源联合起来，以便产生这一情感。

通过分析"Non vixit"构成中心点的绝妙梦例，我对这些复杂关系有了一些了解。在这个梦中，各种性质的感情表达浓缩在显梦中的两点上。第一，我用了两个词消灭了自己敌对的朋友。敌对和痛苦的冲动（在梦中，我用了"深受一些奇异感情的影响"这个说法）相互重叠在一起。第二，在梦结束时，我非常高兴，而且非常愿意相信，我在清醒时看作荒谬的一种可能性，即仅仅用一个愿望就能消灭归魂。

我还没有提到这个梦的诱因。这是一个重要的诱因，并使我深入了解这个梦。我曾经从柏林的一位朋友 F 那里得知他准备动手术的消息，而且他住在维也纳的几位亲戚会告诉我有关他的病情。手术后得到的前几个消息并不是很可靠，这使我忧心忡忡。我很想亲自去他那里，但当时我也身患一种痛苦的疾病，每动一下都痛苦不堪。我现在从梦念中了解到我是为这位好朋友的生命担忧。我知道他唯一的妹妹在一场非常短暂的疾病后就夭折了，但我不认识他的妹妹。（在梦中，F 给我讲了他妹妹的有关情况，然后说："她不到 45 分钟就死了。"）我一定想象到了他自己的体质也强不了多少。所以，尽管我身体有病，但如果听到更坏的消息，我马上就会去看他，要是我到得太晚，就会因此永远责备自己。"我要到得太晚"这种责备已经成为这个梦的中心点，但恐惧被表现为这样一种情景——我学生时代尊敬的老师布律克用蓝眼睛可怕地看着我，并加以责备。使这种情景发生变化的原因马上就会清楚：梦无法像我体验的那样再现那种情景，它把蓝眼睛留给了另一个人，但让我扮演了消灭者的角色，显然这是愿望满足工作的一种倒置。我对朋友生命的关心、我对没有去看他的自责、我的羞愧（他曾经悄无声息地到维也纳来看我），我为自己有病找借口的欲望——所有这一切，都逐渐形成了一种感情风暴。我在睡梦中显然可以感受到，而且它在梦念的那个区域翻腾不已。

但是，梦的诱因中还有一件具有截然不同效果的事情。动完手术后的前几天，由于不利的消息，我也接到了命令，因此不对任何人说起整个事。这件事之所以伤害我的感情，是因为它显示了对我的判断力的不必要的怀疑。当然，我知道这种要求不是来自我的朋友，而是由于报信人的笨拙和过分胆怯。而这种隐藏的责备让我感到怏怏不快，因为它并不是毫无道理的。我们知道，只有"含有实质"的责备才会有伤害的力量。在我还很年轻的时候，认识了两个曾经是朋友的人，他们以友谊来表示对我的敬意。而我却多此一举，把其中一个人谈论他们的话告诉了另一个人。这件事当然和我的朋友 F 的那些事毫无关系，但我永远忘不了我当时不得不听的那些责备。我在两个朋友之间制造了麻烦，其中一个是弗利契教授，另一个是约瑟夫——这也是出现在这个梦中的我的朋友 P 的洗礼名。

在梦中，这个元素悄悄地指责我不能守口如瓶。F 提出的问题也是

"我曾经告诉过 P 多少有关他的事"。但是，正是原来那个记忆的干涉，才把到达太晚的责备调换到了我在布律克的实验室工作的时期。而且通过把梦中消灭情景的第二个人换成约瑟夫，我才能使这个情景不仅代表第一个责备"我到得太晚"，而且代表更加强烈压抑的另一个责备——"我不能保守秘密"。这个梦中的浓缩作用和移植作用，以及产生的动机，现在昭然若揭。

但除此以外，梦中明显暗示着另一串可能引起满足的联想。此前一段时间，在等待了很久之后，我的朋友 F 生了一个小女儿。我知道他是如何为早年夭折的妹妹伤心的，所以就给他写信说，他可以将他对妹妹的爱转移到这个孩子身上。这个小女孩最终会使他忘记自己无法弥补的损失。

因此，这个联想又和梦念的中介思想发生联系。这一联想途径以截然相反的方向延伸："没有人是无法取代的。看到了吧，这只不过是归魂。我们失去的所有那一切都回来了。"现在梦念的那些矛盾成分之间的联想又因为偶然情况更加密切，那就是我朋友 F 的小女儿和我小时候的女伴具有相同的名字。这个女伴正好和我同龄，而且是我最早的朋友和对手的妹妹。我听到"宝琳"这个名字，心里感到满足。联想又从这一点跑到了我自己孩子的取名上。我坚持认为，那些名字不应根据时尚来选，而应以纪念我们珍视的那些人而定。那些孩子的名字会使他们成为归魂。总之，生儿育女难道不是所有人通向永恒的唯一道路吗？

关于梦的感情，从另一个观点考虑，我只补充几点意见。在睡眠者的心灵中，一种感情倾向（我们称为情绪）可以看作支配元素，也可能在梦中引起相应的情绪。这种情绪可能是白天的体验和思想的结果，也可能源自肉体。无论哪一种情况，它都会伴有相应的联想。无论这种梦念的思想内容应决定感情倾向，还是具有肉体基础的情绪倾向唤醒了梦念的思想内容，对梦的形成作用来说，都没有什么区别。梦的形成总是受愿望的影响，而且可能只是将其精神能量提供给这种愿望。这种实际存在的情绪和睡眠期间实际出现的情感，会得到同样的待遇，它可以被忽视，也可以在愿望满足的意义上重新解析。睡眠期间的痛苦情绪会成为梦的原动力，因为它们会唤醒梦必须实现的充满活力的那些愿望。情绪附着的材料得到详细说明，直到能用来表达愿望的满足。梦念中的痛苦情绪越强烈，越占优势，那些受到最强烈压抑的愿望冲动就越趁机加以表现，因为难受之情实际已经存在，所以必须确保在梦中表现的这项工作的较难部分已经完成。跟随着这些意见，我们又一次涉及了焦虑梦这个问题。最后证明这将是梦活动的边缘例子。

第八节　梦的润饰作用

终于可以将注意力转到参与梦的形成的第四个因素。如果我继续用曾经制定的那些方法研究显梦——仔细检查明显事件和梦念中的来源，就会遇到一些只能用全新的假设进行解释的元素。

我记得一些例子，做梦者在梦中表现出惊讶、生气或反抗，而且是由显梦本身的一部分引起的。我曾经通过适当的例子表明，梦中大部分的这些批评性冲动并不是针对显梦，它们是梦念的一部分，用来达到一定的目的。然而，有些批评却无法得出如此结论，因为它们和梦念的关系无法在梦的材料中找到。例如，常常在梦中听到"毕竟这只是一个梦"，这句话有什么意义呢？这是梦中一个真实的批评，就像我在清醒时可能做的那样。这常常只是醒来的前奏。更常见的是，此前有一种痛苦的感觉，但证实这是在做梦时，心情就平静了下来。梦中产生"毕竟这只是一个梦"这种思想，同奥芬巴赫的滑稽歌剧中，借美丽的海伦之口说出的话，具有同样的目的。它试图极力贬低刚刚经历的事件的重要性，并试图迁就接下来发生的事情。它的目的是让某一个精神机构入睡，因为这个精神机构在特定时刻有各种理由自动醒来，禁止梦的延续。但是，这会更方便继续睡觉，并容忍这个梦，因为这毕竟只是一个梦。我想，只有在从未真正入睡的审查制度发觉不经意间让梦产生时，"毕竟这只是一个梦"这个贬低的批评才会在梦中出现。要抑制这个梦为时已晚，所以精神机构就用这句话来应付进入梦中的焦虑或痛苦的感情。这是精神审查制度方面"马后炮"的一种表达方式。

在这个例子中，有无可争辩的事实证明，梦中包含的一切并非都来自梦念，一种和清醒思想无法区分的精神功能也可能对显梦作出贡献。问题是，这只是在例外情况下才发生，还是除了发挥审查作用，这种精神机构只在梦的形成中发挥恒久不变的作用呢？

我毫不犹豫地赞成后一种观点。迄今为止，我认识到，审查机构只是在限制和删节显梦中产生影响。其实，它同样对插入和扩大显梦负有责任。这些插入的内容常常不难辨识。做梦者叙述它们时常常犹豫不决，会在前面加上"好像"。它们本身也不是特别有活力，常常插入两点之间，其目的可能是连接显梦的两部分，或者是让梦的两部分产生连续性。它们和梦念的真正材料相比，更没有能力附在记忆中。如果忘记了这个梦，它们会被最先忘记。我们常常抱怨说，尽管我们曾经做过许多梦，但大部分都已经忘记了，只记得其中一些片段。我非常怀疑，正是这些连接的思想迅速消失所致。在一次彻底分析中，这些插入的内容常常表明，梦念中找不到材料的影子。但是，在仔细调查之后，我必须把这种例子看成比较少见的一种。在大多数情况下，这些插入的思想可以追溯到梦念中的材料。这个材料无论是凭借自身的优点还是通过多重性决定，都无法在梦中占有一席之地。在我目前正在考虑的梦的形成中，只有在最特殊的情况下，这种精神功能才会进行原创，只要有可能，它总能利用在梦念中发现的恰当材料。

在梦的这部分工作中，最具特征也最易揭示的，就是其倾向性。这种功能表现的方式，和诗人讽刺哲学家的方式一样：它会用碎片封住梦的结构的缺口。这种努力的结果是梦失去了荒谬和不连贯的表征，而且接近一种可以理解的经验模式。但是，它的努力并不总是取得全面成功。因此，表面看来，梦的出现仿佛合乎逻辑、完全无误。这些梦开始于一种可能的情形，然后受到和清醒思想相似的一种精神功能的细致的润饰作用。它们似乎具有一种意义，但这种意义和梦的真正意义大相径庭。如果我们分析它们，就会相信润饰作用已经随心所欲地处理了梦的材料，而且尽可能少地保留其中的适当关系。可以说，这些梦还没有等到醒来解析，就已被解析过一次。在其他的梦中，这种偏向性的润饰作用只在某一点上取得了成功。到了这一点上，连贯性好像占据了优势，但接下来，这些梦就变得毫无意义或杂乱无章。不过，也许在梦结束之前，可能又一次表现出合理性。还有一些梦，润饰作用已经完全失败。我发现自己面对一堆毫无意义、支离破碎的内容爱莫能助。

关于第四个形成梦的因素，我们马上就会熟悉。事实上，它是四个形成梦的因素中我们唯一熟悉的一个，我也不想否认这第四个因素可以创造性地对我们的梦作出新的贡献。但是，它的影响和其他因素的影响一样，肯定也是主要利用梦念中已经形成的精神材料，进行优先选择。现在有一个例子，其中似乎可以为构建梦的正面省去很多工作，也就是，这样的结构已经存在于梦念的材料中，只等使用了。我习惯把自己脑海里的这些梦念的元素称为"幻想"。如果我马上指出这和清醒状态中的白日梦相似，也许就会避免误解。精神病医生对这个元素在我们的精神生活中扮演的角色还没有充分认识和揭示。但是在我看来，本尼狄克特已经产生了大有希望的开端。然而，白日梦的意义还没有逃过作家准确无误的洞察。阿尔丰斯·都德在他的作品《富豪》中给我们描述了一个小人物的白日梦。对神经官能症的研究揭示了一个惊人的事实，也就是这些幻想或白日梦是神经官能症的症状的直接前兆，至少是其中的一大部分。因为神经官能症的症状依靠的并不是真实的记忆，而是依靠建立在记忆基础上的幻想。神志清醒的白天幻想常常出现，使我们了解了这些构成。但是，在注意到其中一些幻想的同时，还有大量潜意识幻想。它们必定因为受压抑材料的内容和来源而继续保持潜意识状态。进一步调查这些白天幻想的特征表明，这些构成物有充分理由得到我们赋予夜间思想产物（梦）同样的名称。它们和夜间的梦具有一些共同的本质性质。事实上，对白日梦的研究也许确实可以为了解夜间的梦提供最佳的捷径。

像梦一样，它们都是愿望的满足；像梦一样，它们主要是基于童年体验留下的印象；像梦一样，它们从审查制度中得到某种程度的宽容。如果我们追溯其构成，就会知道在形成中发挥作用的愿望动机如何利用构建的材料混在一起、重新排列，然后形成一个新的整体。它们和童年记忆的关系，酷似许多罗马巴洛克风格宫殿和古代废墟的关系，因为废墟的铺石和圆柱为这些现代风格建筑物提供了材料。

在梦的润饰作用（我认为属于梦的形成的第四个因素）中，我们又一次发现，那个在创造白日梦时不受其他影响、可以自行显露的同样活动。如果不进一步行动，我就可以说，这第四个因素根据自行提供的材料试图构成像白日梦一样的东西。但如果梦念背景中已经构成了这种白日梦，那么梦的工作的这个因素就会比较喜欢占有它，并设法把它纳入显梦。有些梦只是在重复白天的幻想，也许是继续保持潜意识状态。例如，男孩梦见自己和阿基里斯一起坐着战车。在我的"Autodidasker"梦中，梦的第二部分至少是我和 N 教授交往的白天幻想的忠实重现——这个幻想本身是无害的。这个令人激动的幻想只形成了梦的一部分，或者只有一部分进入显梦的事实，是因为梦形成时必须满足各种复杂的条件。一般来说，幻想会像潜在材料的其他所有元素一样对待。但是，在梦中，它仍然被看作一个整体。在我的那些梦中，常常有一些部分比其他部分更突出，产生一种不同的印象。在我看来，它们似乎处在一种变化状态，更加连贯，同时比梦的其他部分更加短暂。我知道这些都是进入梦的潜意识幻想，但我从来没有成功地记下这种幻想。除此以外，这些幻想和梦念的其他组成成分一样，会混杂、浓缩、互相重叠等。但是，我发现了一些过渡阶段：从它们构成显梦或至少一成不变地构成梦的正面，到只是以其中一个元素或通过遥远的暗示呈现在显梦中截然相反的例子。梦念中这些幻想的命运，显然是由它们所能提供的那些有利因素，以符合审查制度的要求和浓缩作用的程度决定。

　　在选择解梦的例子中，我尽可能避免引用潜意识幻想起重要作用的梦，因为介绍这种精神元素需要对潜意识思想心理学进行详尽的讨论。但是，即使在这种关联中，我也无法完全避开这种幻想，因为它常常完整地进入梦中，而且更常见的是，通过这个梦，让我隐约意识到幻想的存在。我可以再举一个梦例，这个梦好像是由两个截然不同、相互对立，同时又各自重叠的幻想组成，其中第一个浮于表面，而第二个似乎是对第一个的解析。

　　这是我唯一没有仔细记录的梦，内容大致如下：做梦者（一个年轻未婚的男人）正坐在他特别喜欢的小酒馆里，酒馆看上去很真实。突然，有好几个人出现，其中一个人要逮捕他。他对同桌的伙伴说："我去去就来，待会儿付账。"但伙伴大声地嘲笑说："这我们都知道。每个人都是这样说。"其中一个人在他背后喊道："又走了一个。"随后，他被带到一个小地方。他在那里发现一个女人怀里抱着一个小孩子。其中一个护送他的人说："这是缪勒先生。"一个专员（或行政官员）正在一边翻阅一堆罚单或文件，一边反复说着"缪勒，缪勒，缪勒"。接着，这位专员问了他一个问题，他回答说"是的"。最后，他看了一眼那个女人，注意到她长出了一大把胡子。

　　这个梦的两个组成部分在这里很容易分开。表面的是那个逮捕幻想，好像是由梦的工作新创造的。但是，在它背后可以看到婚姻的幻想。另外，这种材料曾经得到梦的工作的稍微修饰。而且这两个幻想具有的共同特点显得特别清晰，就像高尔顿的合成照片。目前是单身汉的那个年轻人要回来和同桌人吃饭的承诺，他那些有了多次经验变得聪明的酒友们的怀疑，他们在他背后叫喊"又走了一个（结婚）"——这些都是容易适合另一种解析的特征，就像对那个专员的肯定回答一样。翻阅一大堆文件并重复同一个名字符合婚礼的一个次要且容易辨识的特征——宣读祝贺电报，电报到达的时间间隔长短不一，而且肯定都是发给同样的名字。这个梦中新娘亲自出现的场景表明，结婚的幻想甚至胜过了审查梦的逮捕幻想。我从得到的信息可以解释这个新娘最后长胡子这个事实（并非经由分析而来）。在做梦前一天，做梦者和一位朋友穿过大街，他的朋友和他一样对婚姻怀有敌意。他要朋友注意一位正向他们走来的黑发美女。他的朋友说："确实不错，只要这些女人随着年龄增长不像她们的父亲那样长胡子就好。"

当然，即使在这个梦中，也不乏梦的变形深入工作的成分。因此，"我待会儿付账"这句话可能是指担心岳父对嫁妆问题的表现。显然，各种疑虑都使做梦者无法愉快地沉浸于结婚的幻想中。其中一个疑虑是害怕自己会因为结婚而失去自由，所以在梦中自动体现为逮捕情景的转变实例。

如果再次回到梦的工作喜欢利用现成幻想，而不喜欢从梦念材料中首创一个幻想的论点，也许就能解决有关梦的有趣的一个问题。我曾经叙述过毛利梦：他被一小块木板击中后颈，而从长梦中醒来——他梦见的是法国大革命时期的一个完整的传奇故事。因为这个梦是以连贯方式产生的，完全符合惊醒刺激的解释，睡眠者无法预见刺激的发生，所以只可能有一种假设——整个详尽的梦肯定是在木板落在颈椎和击中后醒来之间这个短暂的时间间隔里构成和呈现的。我不认为清醒状态的思想活动会这样迅速，因此我必须承认，梦的工作具有加速思想活动的功能。

对这个迅速流行的结论，近来有许多学者（勒洛林、埃格尔等）都提出了强烈的反对意见。其中一些人怀疑记录毛利梦的正确性，他们试图证明，清醒状态中的思想活动在速度方面绝不亚于梦中的思想活动。这个讨论引起的一些基本问题，我认为近期根本解决不了。但是，我必须承认,埃格尔对毛利的断头台梦的反对意见并不能让我心服口服。我建议这个梦应作如下解析:毛利梦也许代表多年来以完整状态保存在他记忆中的一种幻想,这个幻想在他意识到刺激弄醒自己的时刻被唤醒(我喜欢说被暗示),难道这完全不可能吗?那么,在非常短暂的时间里构成这么详细的长梦,任由做梦者支配的全部难点就不复存在了,因为这个故事已经编好了。如果木板在毛利清醒状态击中他的脖子,也许他会来得及这样想:"哎呀,这就像在断头台上被砍头一样。"但是,因为他是在睡觉时被木板击中,所以梦的工作就马上利用击中的刺激构成了一种愿望的满足,就像它这样想(这完全是比喻的说法):"这是实现我在这段时间读书时形成愿望幻想的一个大好机会。"在我看来,年轻人在令人激动的印象的影响下,往往会构成这种梦的传奇故事,是不容置疑的。在那个恐怖时代,无论是贵族男女还是民族精英,尤其是法国人和研究人类文明史的学者,谁不对大难临头时仍能才思敏捷、举止优雅、视死如归的描述心醉神迷呢?作为一个年轻人,想象自己吻着一位女士的手就此告别,然后无所畏惧地走向断头台,是多么诱人!或许野心是这个幻想的主要动机——把自己放在有权有势的人的位置上的野心,因为这些人完全凭非凡才智和雄辩口才就统治了当时人心惶惶的城市,他们以自己的坚定信仰使成千上万的人慷慨赴死,为欧洲变革铺平了道路,同时他们自己的脑袋也无保障,终有一天会落在断头台的刀下,或许扮演的是吉伦特党人或英雄丹东的角色。保存在这个梦的记忆中的细节(众多人群相伴)似乎表明,毛利的幻想正是这样一种野心。

但是,这个早就准备好的幻想也不必在睡梦中体验,只要"触发一下"足矣。我的意思是这样的:如果弹几个音符,并有人像《唐璜》(*Don Juan*)里那样说:"这是来自莫扎特的《费加罗的婚礼》(*The Marriage of Figaro*)。"许多记忆就会突然在我的脑海中涌现出来。过一会儿,我就无法把它们召回到意识之中。其中的词句就像是一个切入点,从这个切入点开始,一个完善的整体同时进入了兴奋状态。潜意识思想可能也一样。通过惊醒的刺激,精神的静止状态兴奋起来,从而进入了整个断头台的幻想。然而,这个幻想并不是在梦中一一呈现的,而是仅仅出现在做梦者醒来后的记忆中。醒来之后,做梦者详细地记得这个幻想,并且这个幻想作为整体转移到了梦中。同时,做梦者无法证实自己记得一些梦见的事情。通过惊醒的刺激使现成幻想作为整体唤起，可以应用到其他适应于惊醒刺激的梦，如应用到在炸弹爆炸前拿破仑做的一场战斗梦。在贾斯廷·托波沃尔斯卡为梦中明显持续时间的论文收集的梦中，我认为，最确凿的是麦卡里奥叙述的剧作家卡西米尔·邦佐做的梦。一天傍晚，邦佐想去观看自己创作的剧本的第一次演出，但他太累了。所以，帷幕刚拉起来，他就在后台的椅子上打起了瞌睡。他在睡梦中看完了全剧的五幕，并观察到了各幕上演时观众的各种情绪表现。演出结束时，让他大为满意的是，他听到观众一边热烈鼓掌，一边叫喊他的名字。他突然醒来，简直不敢相信自己的眼睛和耳朵。事实上，演出还没有演完第一幕的前几句话。他睡着的时间不会超过两分钟。至于那个梦，我可以大胆断言，做梦者看完五幕戏和观察观众对各场戏的态度，并不需要在做梦者睡着时生产新的东西，它可能是已经完成的幻想工作的再现。托波沃尔斯卡和其他学者都强调观念加速流动的梦都具有共同的特征：它们好像特别连贯，根本不像其他梦，做梦者对它们的记忆只是概要，而不是细节。但是，这些正是梦的工作触发现成幻想必然出现的特征，但这些学者没有得出这个结论。我不想断言，所有因惊醒刺激的梦都容许这种解释，或者梦中观念加速流动的问题都完全以这种方式解决。

在这里，我不得不考虑显梦的这种润饰作用和梦的工作的其他因素之间的关系。难道梦的程序不可以像下面这样吗？梦的形成元素（浓缩作用时的努力、逃避审查制度的必要性，以及对精神手段表现力的考虑），首先从梦的材料中创造临时的显梦，然后加以修饰，直到尽可能满足第二个动因的要求。不过，这几乎是不可能的。我宁愿假设，这个动因的要求从一开始就构成了梦必须满足的其中一个条件。这个条件和浓缩作用、对立的审查制度和表现力的条件一样，同时以诱导和选择的方式影响梦念中的大量材料。但是，在形成梦的四个条件中，最后认出的这个动因的要求似乎对梦具有最小的束缚力。下列动机使我认为，这个润饰作用的精神功能，和清醒思想的工作很可能是相同的：清醒（前意识）的思想对任何特定认知材料的表现，正如对待显梦的功能的表现一样。清醒思想在这种材料中创造秩序，建立关系，并使它服从可以理解的条理性要求，是非常自然的。其实，我们在这方面做得有点过头了。魔术师就是利用我们这种理智习惯来愚弄我们。在努力以一种明白易懂的方式合并那些自动呈现的感觉印象中,我们常常犯很奇怪的错误,甚至歪曲我们面前材料的真实性。这个事实的证据都非常熟悉,我们不必在这里进一步考虑。我们之所以忽略印刷错误,是因为我们误认为那些文字正确。据说,法国一本畅销杂志的编辑和人打赌说,他可以在一篇长文的每个句子中印上"之前"或"之后",任何读者都不会注意到。最后,他赌赢了。几年前,我在一份报纸上看到一个虚假联想的可笑例子。一个无政府主义者扔的一颗炸弹在法国议院爆炸。杜普伊勇敢地说"会议继续进行",从而平息了爆炸引起的恐慌。有人请旁听席上的那些来宾证实他们对这一暴行的印象。其中两个人是外省的。一个人说,演讲一结束,他就听到了爆炸声,但他以为是每个发言人说完后鸣炮是议会的惯例。另一个人显然已经听了好几个人的演讲,他也持同样的看法,而不同的是,他认为鸣炮是对特别成功演讲的一种致敬。

因此,精神机构以同样的要求对待显梦,要求它必须明白易懂,服从第一种解析,而这样做会产生彻底的误解。在解析中,原则是不管任何梦例,我对有可疑来源的梦,都不理会它表面的连贯性。所以,无论那些元素是混乱还是清晰,都要顺着同样的途径回到梦的材料。

同时,我注意到,前面提到的梦中的质量等级(从混乱到清晰)基本上都是独立的。在我看来,润饰作用能够发挥效力的那些部分是清晰的;没有发挥效力的那些部分则是混乱的。因为梦中那些混乱部分常常是不够鲜明的,所以我可以断定,梦的润饰工作也能对各个梦结构的可变强度作出贡献。

第七章 梦的心理学

第一节 梦的遗忘

我们要把注意力转移到梦的心理学上，因为这个主题使我们现在忽略了一种反对意见，有逐渐削弱我们努力解梦的基础的危险。不少人反对说，我们对想要解析的梦其实并不了解，或者更准确地说，我们无法保证自己是否知道它真正发生过。

首先，我们对这个梦的记忆和解析方法被我们不忠实的记忆搞得残缺不全，因为我们的记忆好像特别难以保留梦，而且漏掉的正是显梦最重要的部分。当我们设法全神贯注地回忆那些梦时，我们常常有理由抱怨说，我们做的梦要比记住的多。可惜的是，我们只记住了某一个片段，而且我们甚至对这个片段的记忆也很不确定。其次，一切都证明，我们的记忆再现梦时既不全又不真，以一种歪曲的方式出现。一方面，我们可能怀疑我们梦见的东西是否真的像我们记忆中那样支离破碎。另一方面，我们可能怀疑一个梦是否像我们叙述的那样前后一致；在试图再现梦时，我们是否曾经用一些任选的新材料填补那些真实存在或因健忘出现的空隙；我们是否修饰、完善和修正过这个梦，以致无法对它的真正内容作出任何结论。的确，有一位学者（斯皮塔）推测说，所有的条理性和连贯性其实都是在试图回忆时才加进去的。因此，我们着手确定的事物价值有被完全忽略的危险。

迄今为止，在所有梦的解析中，我们总是忽略这种危险。然而，我们其实已经发现，正是显梦的那些最小、最无意义和最不确定的成分引起了种种解析，而不是那些明显包含在梦中的成分。在爱玛打针的梦中，有一个场景是"我马上叫来了 M 医生"。所以，我推测，如果它没有特殊的来源，也就不会进入梦中。这样，我就想到了一个不幸的患者的梦。在这个认为 51 和 56 没有区别的荒谬梦中，51 这个数字被反复提到。我没有把这看成一件顺理成章或无足轻重的事，而是由此推出这个梦的隐意中的第二条思路，这个思路通向 51 这个数字。随后，我顺着这条线索，发现 51 岁是生命期限。这和梦中不惜夸耀的一条重要思路形成了最鲜明的对比。在我发现的那个 "Non vixit" 的梦中，我起先忽略了插入的一个无关紧要的句子："因为 P 不了解他，所以 F 问我。"因为解析当时陷入了停滞，所以我就回到了这几句话。我通过这些句子找到了通向那个童年幻想的路。这个幻想作为中间点出现在了梦念中。这是通过诗人的韵文产生的：

  你们很少了解过我，
  我也很少了解你们。
  但我们陷入泥潭时，
  我们立马肝胆相照！

  每个分析都会提供事实证据，表明梦中最微不足道的那些特征对解析都是必不可少的，而且也表明，如果我们推迟对它们调查，就会延误任务的圆满完成。在梦的解析中，我们对在梦中发现的文字表达的每个微妙之处都一视同仁。事实上，无论我们面对的是毫无意义的还是表达不足的措辞——好像我们无法把这个梦转化为正确译本，我们都尊重这些表达的缺陷。简而言之，其他学者认为是匆匆编造以免混乱的随意创作，我们都奉若圣典。这种矛盾需要加以解释。

  尽管对其他学者没有什么不公平，但这个解释对我们有利。从我们新获得的对梦的来源的观点，所有矛盾都可以完全化解。我们在试图再现梦时，确实变形过。我们又一次发现其中就有正常思维产生的润饰作用，而且常常误解。但是，这种变形本身只是梦念经常受到审查制度润饰的一部分。其他学者在这里已经怀疑或注意到了明显的梦的变形作用。而对我们来说，这并不太重要，因为我们知道，那么另一个更为广泛、不易理解的变形工作，已经从隐藏的梦念中选择出来。这些学者的唯一错误在于，相信通过回忆和语言表达，在梦中产生的改变是随意的，没有能力进一步解释，因此容易把我们对这个梦的认识引入歧途。他们低估了精神对梦的决定作用，在这里没有什么随意的东西。可以表明，在所有的梦例中，如果梦的元素不能被第一条思路决定，那么另一条思路马上就会取而代之。例如，我希望可以随意地想起一个数字，而这是不可能的。尽管我想起的数字可能和我暂时的意图相去甚远，但肯定明确经过了我的思考。在清醒状态，梦受到的更改，也同样不是任意而为的。它们和取代的内容之间保持一种联想关系，并为我们指出了通向这个内容的途径。这个内容本身也许是另一个内容的替代品。

在分析患者的这些梦时，我运用下面这个主张进行检验，从未失败过。如果一个梦的第一次报告很难理解，我就要求患者再说一遍。在复述时，患者很少用同样的文字。但是，患者改变表达方式的那些段落正好使我明白了梦伪装的弱点，它们就像齐格飞衣服上的绣记对哈根代表的意义一样。这些就是分析的起点。我要求患者重述，就是告诫他们，我会尽力来解析这个梦。出于一种抵抗的冲动，他们马上用一种不切题的表达代替可能会泄露秘密的表达，保护梦伪装的那些弱点。于是，这引起了我对患者抛弃的那些表达的注意。尽管患者努力避免对这个梦的解析，我也可以推断出梦的内容。

然而，我曾经提到过的那些学者，认为我们在判断梦的关系时要非常强调怀疑的重要性，这并没有什么正当理由，因为这种怀疑没有理智上的根据。尽管我们的记忆无法提供任何保证，但我们不得不信任它的陈述，这些陈述远比客观理由频繁。对梦的准确再现或对梦的个别材料的怀疑，只是梦的审查制度的又一产物，也就是梦念进入意识的阻力。这种阻力还没有因为已经产生的移植和取代而自动耗尽，所以它仍以一种怀疑方式附在允许出现的材料上。我们会更容易认出这种怀疑，因为它小心翼翼，从来不去攻击梦中那些加强的元素，只是攻击那些微弱模糊的元素。但是，我们已经知道，在梦念和梦之间，所有精神价值已经发生了价值转换。梦的变形只有在贬低精神价值后才能产生，它常常以这种方法表现自己，有时也满足于这种现状。如果显梦的一个模糊的元素又被怀疑，我们顺着这个指示，也许能在这个元素中认出一个违禁梦念的直接派生物。这就像古代某个国家经历一场大革命或文艺复兴后的那种情况：曾经掌握实权的高贵家庭现在被放逐；新贵们担任了所有高位；只有比较贫穷、无权无势的公民或落败政党比较疏远的追随者，才被允许住在城里。即便如此，后者也享受不到充分的公民权，他们会受到监视。我前面提到的怀疑就是这种不被信任的情况。所以，我必须坚持，在分析一个梦时，一定要使自己摆脱可靠性标准的一切尺度。如果这个元素有任何可能在梦中出现，就应该看作绝对的必然。在追溯这些梦元素时，我们必须拒绝考虑表面的东西，否则分析就会停滞不前。如果无视有关元素的精神价值，那么，这个元素背后那些不想要的有关观念就不会进入做梦者的脑海。这个结果其实并不是证明"我拿不准梦中是否包含这个元素，但我产生了下面这些想法"这个说法是合情合理的，也从来没有人这样说过。怀疑正是分析中的干扰因素，使它成了精神阻力的一种派生物和工具。心理分析的怀疑有正当理由。其中一个规则是：凡是干扰分析工作进程的都是一种抗拒。

除非我们试图通过精神审查制度的力量加以解释，否则梦的遗忘仍然难以理解。在许多例子中，做梦者感觉夜间梦到过许多东西，但只记住其中一小部分，这可能还有另一层意思：它也许意味着梦的工作以一种可以感知的方式持续了一夜，却只留下了一个短梦。一个梦在醒来时被逐渐忘记，这是毋庸置疑的，尽管费尽心机想记起，但常常记不起来。然而，我认为，就像常常过高估计这种遗忘程度一样，我们同样也过高估计了梦中空隙对我们理解梦的限制程度。我们常常能通过分析，重新恢复忘掉的所有显梦。不管怎样，在许多例子中，我们可能从一个剩余的片段中发现的不是整个梦（这也不重要），而是整个梦念。这要求在分析时付出更大的注意力和自制力，仅此而已。但是，这表明梦的遗忘并不缺乏敌视的意图。

通过对遗忘初级阶段的研究分析，我们可以获得令人信服的证据，就是梦的遗忘具有倾向性，为抵抗的目的服务。在解析过程中，一个遗漏的梦的片段常常突然出现，这被说成先前的遗忘。从遗忘中费力获得的这一部分梦总是最重要的部分。它处在通向解析梦的最短路途上，因此也面临最大的阻力。在我解析的梦例中，我有一次就不得不在事后插入显梦的一个片段。那是一个旅行梦，梦见对两个不友好的旅行者进行报复。我几乎完全没有对这个梦进行解析，因为其中部分内容令人讨厌。

那个省略的部分是这样的:"我提到席勒的一本书时,说:'这本书是从……'但是,当我意识到自己的错误时,便纠正说:'这本书是由……'于是,那个人对他的妹妹说:'是的,他说得对。'"

我要从自己的记忆中举一个梦中发生用词错误的典型例子。19岁时,我第一次去英国,在爱尔兰海岸上度过了一天,我以捡起落潮后留在海滩上的海洋生物自得其乐。当我正在仔细观察一只海星时,突然一个漂亮的小女孩来到我的身边,问道:"这是海星吗?是活的吗?"我回答说:"是的,他(he)是活的。"但我马上就意识到自己的错误(感到很羞愧),并修正了这个句子——"是的,它(it)是活的。"虽然我当时犯了一个语法错误,但是在梦中却替换成德国人常犯的另一个错误。"Das Buch ist von Schiller" 不应译成"这本书是从(from)",而应译成"这本书是由(by)"。梦的工作之所以实现这种替换,是因为 from 这个词和德语的形容词 fromm(虔诚的)发音相同,使显著的浓缩作用成为可能。这样,我们听到梦的工作的意图及其不择手段的选择后,就不再感到吃惊了。但是,这个无害的海岸记忆和我的梦有什么关系呢?它通过一个非常天真的例子说明了我把这个词——表示语法上的性别或男女性别(他)的词用错了地方。这肯定是解析这个梦的其中一把钥匙。那些听说过《物质与运动》书名出处的人,可以轻而易举地补充那些缺少的部分。

此外,我最后通过目睹的事实还能证明,在很大程度上,梦的遗忘是因为抵抗的作用。一位患者告诉我说,他曾经做过一个梦,但那个梦转眼就消失了,没有留下任何痕迹,好像什么也没有发生似的。我开始了分析工作,当我遇到一些阻力时,就向这个患者提问,想要通过鼓励、催促的方式,帮助他顺从某些不愉快的思想。当我这样做几乎要失败时,他突然大声叫道:"我现在能想起自己梦见什么了!"就是这些在解析工作中干扰他的阻力使他忘记了这个梦。通过克服这些阻力,我又让这个梦回到他的记忆中。在达到分析工作的某个阶段之后,患者也许会想起三四天或更多天前忘记的梦。

心理分析经验已经给我们提供了另一个证据,说明梦的遗忘是由于阻力的影响,而绝不像其他学者认为的那样,是由于清醒状态和睡眠状态的两个互不相容的性质。我和一些分析者,以及正在接受治疗的患者,都常常发现，我们被一个梦从睡眠中惊醒后，像我们说的那样，会马上运用自己的所有心理学本领开始解析这个梦。在这种情况下，我常常充分理解这个梦后才会休息。而我醒来之后，又把解析结果和显梦本身忘得一干二净，尽管我意识到自己做过这个梦并对它做了解析。理智能力不仅没有把这个梦成功地保留在记忆里，反而常常把梦和解析结果一起忘掉。但是，这并不像其他学者试图解释梦的遗忘那样，在这个解析工作和清醒思想之间没有那道精神鸿沟。莫顿·普林斯反对我对梦的遗忘的解释，理由是这只是精神分裂状态产生记忆缺失的一种特殊情况，而我对这种特殊记忆缺失的解释又无法应用到其他种类的记忆缺失上。所以，即使为了眼前的目的，我的解释也毫无价值。我要提醒读者，在对这些精神分裂状态的所有描述中，普林斯从来没有尝试发现这些现象的动力学解释，因为如果这样做，他肯定就会发现，压抑（以及由此产生的阻力）不仅是这些分裂的原因，还是精神内容遗忘的原因。

在准备这本书的初稿时，我通过所能做的一个实验证明，梦的记忆能力完全可以和其他精神行为相媲美。我曾经记录了大量自己的梦，由于某种原因，我无法解析，或者是做梦的那个时候，只能很不完全地加以解析。为了获得材料证明我的主张，一两年后，我尝试解析了其中一些梦。在这次尝试中，我总是取得成功。的确，我可以说，过了这么长时间之后，这些梦比最近出现的梦更容易解析。这个事实可能这样解释，就是我已经克服了做梦时干扰我的许多内在阻力。在后来的这些解析中，我把以前的梦念和现在的结果进行比较，现在的梦念常常更丰富，而且我总是发现，以前的梦念在现在的梦念中毫无改变。然而，我很快就不再吃惊了，因为细想之后，我发现自己早就习惯解析患者偶尔向我叙述的早年梦，那就像前一天夜里的梦一样，用同样的方法，取得了同样的成功。在论焦虑梦这一部分中，我将举两个延迟解析的类似例子。我第一次做这种实验时合理地推想，梦在这方面只是像神经官能症的症状，因为当我通过心理分析治疗神经官能症患者时（如癔症患者），我不得不让患者向我解释他前来就医的疾病的现有症状，而且还要解释早已消失的初期症状，同时我发现，从前的问题比现在的问题更容易解决。

早在1895年发表的《癔症研究》中，我就对一位年过40岁的女患者在15岁时第一次癔症发作的情况进行了分析。

我现在要对梦的解析讲几句不太系统的话，因为有的读者想通过分析自己的梦来证实我的主张，这也许可以作为他们的引导。

不要认为解析自己的梦是一件简单轻松的事。即使观察自己的内心现象和其他平常没有注意的感觉，纵然这组观察没有遭到任何精神动机的反对，也需要锻炼。要把握那些"不想得到的观念"，更是难上加难。在分析工作期间，试图这样做的人必须满足本书提出的各种要求，而且在遵循这些特定规则时，必须尽力制止一切批评、一切先入之见和一切情感上或理智上的偏见。还要时刻牢记克劳德·伯纳德对生理学实验室工作者的训导——"像牲畜一样工作"。也就是，必须忍耐坚持，并对工作的结果漠然处之。如果有人愿意遵循这个忠告，就会发现工作不再困难。

梦的解析并不总是一蹴而就的。在进行一连串联想之后，我们常常会发现自己筋疲力尽、无能为力，梦不会再告诉我们当天的任何东西。这时，最好暂停下来，第二天再接着工作。那时，显梦的另一部分会引起我们的注意，这样我们会进入梦念的一个新层面。也许可以把这个称为梦的"分级"解析。

在解析梦时，最难的是让初学者认识到这个事实：对巧妙连贯的梦进行了全面解析，并对显梦的所有元素都详细了解后，他的任务并没有完成。除此以外，同一个梦可能还有另一种解析，即一种多重性解析逃过了他的注意。的确，要形成丰富的潜意识思想，力争在我们的脑海中表现的观念并不容易，或者要相信梦的工作可以一种暧昧灵巧的方式同时表达几种意义，就像童话故事中小裁缝一下打死7只苍蝇一样。读者会经常责备作者在书中加入太多不必要的见解，但凡是有过解梦亲身体验的人知道的都要比做的多。

另外，我无法接受西尔伯勒最先提出的观点：许多梦（或某类梦）都要求有两种不同的解析，而且两者之间应该具有一种固定关系。其中一种，西尔伯勒称为"心理分析"，赋予梦某种意义，但总体上是一种幼儿的性意义。他把更重要的解析称为"神秘解析"，表明梦的工作运用的材料是更严肃、更深刻的思想。西尔伯勒引用了他在这两个方面分析过的许多梦例，却没有证明这个主张。我必须反对这个观点，理由是它和事实相反。大多数梦不需要多重性解析，尤其是不需要神秘解析。

西尔伯勒的理论和近几年的理论成果一样显然受到了一种倾向的影响，都是企图遮盖梦形成的基本情况，并转移我们对本能根源的注意。在许多例子中，我都能证实西尔伯勒的说法。但在这些例子中，分析向我表明，梦的工作要面临把清醒状态的一系列高度抽象的思想转化为梦的任务，因为这些思想无法直接表现。通过利用另一个和抽象思想关系不牢、常常具有寓意的思想材料，梦的工作试图完成这个任务，从而减少表现的困难。源自这种方式的梦，做梦者会马上给出抽象的解析，但对代替材料的正确解析，只有通过熟悉的技巧才能得到。

第二节　梦的回归现象

既然我们已经反驳了那些提出的反对意见，或者至少已经显示了我们的防御武器，就一定不能再拖延我们准备已久的心理学研究。让我们总结一下最近研究的主要结果：梦是一种意义丰富的精神行为；它的动机力量总是一个恳求满足的愿望；之所以不承认梦是一种愿望，以及梦具有的许多特征和荒谬性，是因为在梦的形成期间精神审查制度的影响；除了回避审查制度的必要性，下列因素也在梦的形成中扮演了一种角色，一是浓缩精神材料的需要，二是重视感觉意象表现的可能性，三是重视梦的构造有一个合理清晰的外表。这些主张每一个都通向心理学假说和设想。因此，我们现在必须研究愿望动机和四种条件的互反关系，以及这些条件的共有关系。梦必须插入精神生活的背景中。

如果更仔细地观察，显而易见，梦的显意具有两个几乎互相独立的特征：一是思想表现为一种身临其境的情景，省略了"也许"；二是思想变为视觉意象和言语。

例如，在爱玛打针的梦中，梦的愿望没有脱离睡眠中清醒思想的延续。在这里，获得表现的梦念符合条件从句："要是奥托能为爱玛的疾病受到责备，该多好！"梦抑制这个条件从句，并以一般现在时的句子代替："是的，奥托要为爱玛的疾病受到责备。"那么，这个就是没有变形的梦强加给梦念的第一种转化。但我们不要在梦的第一个特点上浪费时间。我们可以来谈意识幻想（白日梦），因为它是以相似方式对待观念内容。当都德笔下的乔耶西先生因失业而在巴黎街头流浪时，他的女儿却相信他有工作，正坐在办公室里。他梦见一些可以帮助他获得推荐和工作的情形，用的是现在时态。那么，这个梦和白日梦一样用的是同样的方式和同样的权利。现在时态是表达愿望满足的时态。

梦和白日梦的唯一区别在于它的第二个特性，即观念内容并非思想，而是转化成了视觉意象。我们不但信任这个意象，而且相信自己体验过。然而，让我们补充一点，并不是所有的梦都显示把各种观念转化成视觉意象。有些梦只包含一些思想，但我们不能因此否定它们是具有实质性的梦。我的有关"Autodidasker"的梦（参见第六章第一节）就具有这个特征，它包含的感觉元素几乎还没有我白天想的内容多。此外，每个长梦都包含一些元素。这些元素没有转化成视觉元素，它们仅仅是想到或知道，就像我们在清醒状态时经常想到或知道的那样。我们必须在这里细想，这种从观念到视觉意象的转化，不仅出现在梦中，还出现在幻觉和幻影中。这种幻觉和幻影可以自然地出现在健全人身上，或者出现在神经官能症患者的症状中。简而言之，我们在这里研究的关系绝不是唯一的关系。然而，这个梦的特征只要出现，似乎仍是最值得注意的特征。因此，没有它，我们无法想到梦的生活。而要了解它，则需要非常详尽的讨论。

在有关这个主题的所有梦理论的观察意见中，我想强调一个特别值得一提的说法。费克纳在一篇有关梦的特性的讨论中推测说，梦中的活动景象和清醒的心理作用不一样。任何其他假说都无法使我们理解梦的这种特殊性。

因此，摆在我们面前的是"精神位置"的观念。我们将完全忽略精神机构也是我们已知的解剖学标本形式的事实，并将小心避免以任何解剖的意义确定精神位置的诱惑。我们始终站在心理学的立场，而且只是建议考虑，把作为精神活动的工具想象成复式显微镜、照相机或其他仪器。那么，精神位置就相当于这种仪器中意象初步阶段形成的地方。众所周知，在显微镜和望远镜中也存在这种理想位置或平面。这些理想地方并不位于仪器的有形部分。我认为，不必为这种类似比喻的不完美感到抱歉，这些比喻只是用来帮助我们，通过分解精神性能，将各自性能归于仪器的各自成分，努力理解精神性能的复杂因素。据我所知，还没有人尝试用这种解剖方法去探讨精神工具的意义。我认为这种尝试毫无损害。我想，只要我们保持冷静，不弄错建筑构架，就应该放任自己的假设。因为第一次处理任何未知的主题，我们都需要一些辅助观念的帮助，所以我们喜欢提出最粗糙、最切实的假设。

因此，我们把精神机构设想成一个复式仪器，将它的那些组成部分称为动因，或称为系统，然后将预见这些系统也许可以保持一种相互持续的空间关系，就像望远镜里不同的透镜系统连续排列。严格地说，没有必要假定一种精神系统的实际空间排列。如果建立一个明确序列，就会满足我们的用途。因此，在某些精神事件中，亢奋以明确的时间秩序经过这个系统。在其他程序中，这个秩序就可能不一样。这种可能性是存在的。为了简洁起见，我们今后把这种精神机构的组成部分称为"ψ系统"。

给我们留下深刻印象的第一件事是由ψ系统组成的精神机构具有方向性。我们所有的精神活动都源自（内在或外在的）刺激，止于神经分布。因此，我们赋予这个精神机构一个感觉端和一个运动端。我们在感觉端发现一个接受知觉的系统，又在运动端发现一个打开运动性闸口的系统。精神过程通常由感觉端流向运动端。因此，精神机构的总图解如图1所示。但是，这仅仅是顺应我们很久以来就熟悉的那种需求：精神机构必须具有反射结构的构造。反射行为仍是每种精神活动的模式。

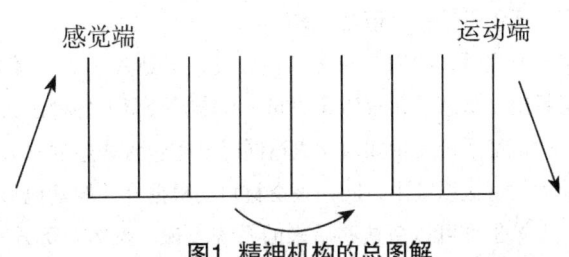

图1 精神机构的总图解

我们现在有理由在感觉端引入第一次分化。我们谈到的那些知觉在我们的精神机构中留下一条迹线。我们可以把这条迹线称为"记忆痕迹"。和这个记忆痕迹有关的功能，我们称为"记忆"。如果我们严格坚持自己的决定，把精神程序和系统相连。那么，记忆痕迹只能使那些系统的元素产生持久变化。但就像在其他地方已经指出的那样，当同一系统既要如实保持元素中的变化，又要继续保持新鲜度接受新变化，就会出现明显的困难。因此，依照指示我们努力的原则，我们将把这两个功能归属于两个不同系统。我们假设这个精神机构的最初系统接受感觉刺激,但什么也没有保留,即没有任何记忆。而在它背后有第二个系统,这个系统把第一个系统的短暂亢奋转化为持久的痕迹。精神机构的框架如图 2 所示。

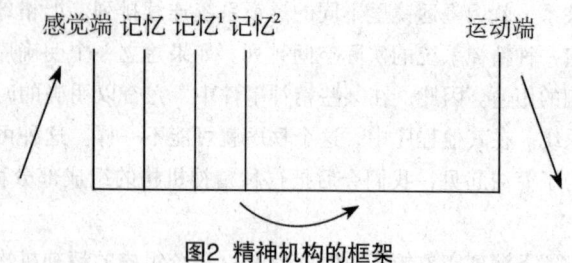

图2 精神机构的框架

我们知道,在那些遵照感觉系统的感觉中,永久保留的既有内容本身,又有其他东西。我们的感觉证明,记忆也是互相联系的,尤其是当记忆同时发生。我们把这称为联想的事实。现在很明显,如果感觉系统完全没有记忆,它肯定就无法保存联想的痕迹。如果前一个连接残余对新的感觉产生影响,各自的感觉元素肯定就会在机能中受到阻碍。因此,我们必须假定记忆系统是联想的基础。那么,联想的事实就在于这一点——因为阻力减弱和途径平坦,所以兴奋从记忆元素传给了某个特定的记忆元素,而不是第三个记忆元素。

进一步研究之后,我们发现有必要假设,不是有一个,而是有很多个这种记忆系统。从感觉元素传导的同一兴奋就会留下各种永久性痕迹。其中,第一种记忆系统无论如何会通过同时发生包含联想的永久性痕迹,而在距离较远的记忆系统中,同一兴奋材料会根据合并的其他形式排列,因此相似关系等也许可以由这些后来的系统表现。当然,要尝试把这种系统的精神意义用文字表达会浪费时间。它的特征将根据它和记忆原料的亲密关系而定——根据给这些元素带来的传导阻力的等级而定(如果我们想提示一个更全面的理论的话)。

我在这里想插入一个一般性意见,也许会有重要启示。由于感觉系统没有保存变化的能力,因此没有记忆为意识提供感觉性质的各种复杂性。另外,我们的记忆本身属于潜意识,印象最深的那些记忆也不例外。尽管它们可以成为意识,但毫无疑问,它们是在潜意识状态开展活动。

事实上，我们称为性格的东西是基于我们印象的记忆痕迹，而且正是对我们影响最强烈的印象，因为我们早年的那些印象几乎不会变为意识。但是，当记忆又变成意识时，和那些感觉相比，它们显示不出任何感觉性质，或者是显示出非常微小的感觉性质。如果现在可以证实意识记忆和性质在大脑之中，我们就很有希望深入了解神经元兴奋的倾向。对于精神机构在感觉端的构成，我们迄今设想的尚未涉及梦和我们从中得到的心理学解释。然而，梦将会为我们了解这个精神机构的另一部分提供证据来源。我们已经看到，解释梦的形成，只能大胆假设两种精神动因，其中一种精神动因对另一种精神动因的活动进行批评，其结果是把它排除在意识之外。

我们已经推断出，这个批评的精神动因和意识的关系要比被批评的精神动因更密切。它就像一道屏风竖在被批评的精神动因和意识之间。此外，我们还可以把批评的精神动因看成和指导我们清醒状态、决定我们自主意识活动的精神动因一样。依照我们的设想，如果我们现在用系统来取代这些精神动因，批评系统就会因此移动到运动端。我们现在把这两个系统引入精神机构的框架中，给出名称，表示它们和意识的关系，如图3所示。感觉记忆是记忆运动端的最后一个系统，我们称为"前意识"，表示这个系统中的兴奋程序能不受阻碍到达意识（如果其他条件能够满足的话，如达到一定强度，或必须引起注意的那个功能进行某种分配等）。这个系统同时也是自主运动的关键。位于它后面的系统，我们称为"潜意识"，因为它必须经过前意识，否则无法到达意识，而且经过前意识时，兴奋程序必须顺应某些变化。

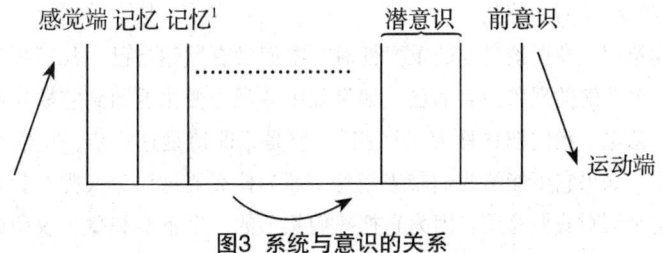

图3 系统与意识的关系

那么，我们把梦形成的推动力放在哪一个系统呢？为了简单起见，就放在了潜意识系统中。但在随后的讨论中，我们确实会发现这样做并不完全正确，因为梦的形成必须和属于前意识系统的梦念发生联系。但是，当我们最终涉及梦的愿望时，我们将会在其他地方发现梦的动机力量是由潜意识提供的。因为这个因素，所以我们还是将把潜意识系统设想为梦形成的起点。这个梦的兴奋像所有其他思想结构一样，会力争进入前意识，再从这里到达意识。

经验告诉我们，这条通过前意识到达意识的途径，在白天因审查制度阻挡而对梦念封闭。而到了夜里，它们才获准进入意识。这就出现了问题：是以什么方式，是因为什么变化？如果夜间因看守潜意识和前意识之间边界的阻力减弱，梦念可能进入的话，我们当时做的梦应该是观念性材料，而不应该显示当时让我们感兴趣的幻觉性质。

引起幻觉的梦是如何发生的呢？我们只能说，兴奋是顺着倒退方向，不是传向精神机构的运动端，而是传向感觉端，最终到达感觉系统。如果我们把精神程序从潜意识进入清醒状态称为循序渐进，那我们就可以把梦说成具有回归的性质。

因此，这个回归特征确实是梦的程序最重要的心理学特征之一。但我们不要忘记，这不仅仅是梦具有的特征。有意的回忆和我们正常思维的其他组成过程，也同样需要精神机构中从构思过程的某种复杂行为到支撑记忆痕迹原料的逆向运动。但是，在清醒状态时，这种回归作用不会超出记忆意象，它没有能力使感觉意象产生幻觉重现。为什么在梦中不是这样呢？在说到梦的浓缩作用时，我们无法避免这个假设，就是附着那些观念的强度可以通过梦的工作完全从一个转移到另一个。也许就是这个正常精神程序的修正，使感觉系统的精神投入以和思维相反的方向达到完全鲜明的感觉。

我希望，在讨论目前的重要性时，我们没有欺骗自己。我们不过是在给一个费解的现象命名而已。如果梦中的观念变化退回到它原先起源的视觉意象，我们把它称为"回归"。但是，即使是这一步，也需要正当理由。如果它不能给我们带来新意，那为什么要这样定义呢？我相信回归这个词对我们有用，因为它把我们熟悉的一个事实和赋予说明的精神机构框架连在了一起。在这一点上，我们第一次从这个精神机构的框架中得到了好处。因为在这个精神机构的框架的帮助下，不用进一步思考，就会察觉到梦形成的另一个特征。如果我们把这个梦看成假设的精神机构的回归过程，我们马上就能对以经验证明的这个事实作出解释，就是梦念的所有思想关系要么消失在梦的工作中，要么难以表达。根据框架图，这些思想关系并不包括在第一个记忆系统中，而是包括在后来的那些系统中。因此，在回归到感觉意象时，它们肯定会失去表达力。在回归中，梦念结构分解为它的原材料。

然而，是什么变化使这个白天不可能发生的回归现象成为可能的呢？让我在这里提出一种假说。由于各个系统精神投入的变化，引起这些系统更容易到达或更难到达兴奋过程。但是，在这个精神机构中，要让兴奋过程产生同样的结果，可能不止一种变化。我自然想到的是睡觉状态和精神机构感觉端引起的许多精神投入的变化。在白天，有一股连续不断的兴奋流从感觉端的精神系统流向运动端，这股兴奋流在夜里停止，无法再阻挡反方向兴奋流的流动。根据一些学者的理论，和外界隔绝似乎应该能解释梦的心理特征。然而，在解释梦的回归时，我必须考虑那些出现在其他病态的清醒状态下的回归现象。在回归的其他形式中，刚才所给的解释完全用不上。尽管兴奋流循序渐进没有间断，但还是出现了回归现象。

其实，我常常把癔症和妄想症，以及正常情况的那些幻觉，解释为相应的回归，也就是思想转化意象，而且常常主张，只有和被压抑或处在潜意识中的记忆密切相关时，这种思想才产生这种转化。我将引用一个年轻的癔症患者的例子。他是一个12岁的男孩，因为受到"红眼绿脸"的惊吓无法入睡。这种现象的来源是一个受到压抑的记忆。4年前，他经常见到一个男孩。这个男孩主动向他提供了许多坏习惯的例子，其中包括手淫，他当时正为此而自责。他的母亲形容那个坏男孩长着一张淡绿色的面孔和一双红眼睛。因此，他心中的可怕幻影就是这样出现的，而且唤起了他对母亲说的另一次话的回忆——这种孩子会精神错乱，在学校里学不到任何东西，而且注定会夭折。我的这个小患者让预言的一部分成了现实——他在学校毫无进步。而且，从他的联想来看，他非常惧怕剩下的预言。然而，经过短暂的成功治疗之后，他又能入睡了，忧虑也消失了，并以优异的成绩结束了那个学年。

第三节　梦中惊醒——焦虑梦

既然我们知道整个晚上前意识都朝向睡眠愿望，我们就能适当地理解梦的过程。但是，让我们首先概述一下我们已经了解的这个过程的情况。我们已经看到，白天的残余是从心灵的清醒活动中遗留下来的，不可能从中撤回所有的精神投入。要么是其中一个潜意识愿望通过白天的清醒状态被激发起来，要么是两种情况碰巧相遇。我们已经讨论过各种各样的可能性。潜意识愿望和白天残余联系起来，并对白天的残余产生转移作用，这要么已经出现在白天，要么是在睡眠状态时才建立。一种愿望转移到最近的材料上，或者是最近压抑的愿望通过潜意识的强化得以激活。这个愿望沿着思想程序的正常途径，通过前意识（它有一部分属于前意识）尽力到达意识。然而，它还是面临仍然存在的审查制度，而且会受到它的影响。它采取了变形，因为它已经为转移到最近材料上铺平了道路。迄今为止，它一直走在成为强迫性观念、妄想或类似东西的路上，并因审查制度的作用在表达上出现变形。但是，它的进一步发展现在受到了前意识睡眠状态的阻挠。这个系统可能通过减少兴奋来保卫自己，以免受到侵害。因此，梦的程序就走上了回归路线。这种路线因为睡眠状态的特殊性正好打开。它之所以沿着回归路线前进，是因为受到了记忆群吸引力的影响。记忆群只是一部分以视觉精神投入的形式存在，没有转化为继发系统中的符号。在回归路线上，梦的程序获得了表现力。后文还要讨论压缩的问题。此时，梦的程序已经完成了它迂回路线的第二部分。第一部分从潜意识的情景或幻想前进到前意识，第二部分则从审查制度的边界努力回到感觉系统。但是，当梦的程序变成知觉内容时，可以说已经躲开了审查制度和睡眠状态在前意识中设置的障碍。它成功地将注意力转向自己，并受到了意识的注意。因为意识对我们来说，意味着是了解精神性质的感觉器官，在清醒状态中可以从两个来源得到兴奋：一是来自整个精神机构周边——知觉系统的兴奋；二是来自快乐和痛苦产生的兴奋——这种兴奋是精神机构内能量转换产生的唯一精神性质。ψ系统中的其他程序，甚至前意识中的程序，都完全没有任何精神性质，不是意识的对象，因为它们既不为知觉提供快乐，也不提供痛苦。我们不得不假定，这种快乐和痛苦的释放，会自动调节精神投入的进程。但是，为了使调节工作更细致地进行，它随后有必要使观念流动尽量不受痛苦动机的影响。要实现这一点，前意识系统本身需要具有一些能吸引意识的性质，而且很可能是通过前意识程序和具有自身性质的言语符号记忆系统接收。通过这个系统的性质，本来只是感觉器官的意识现在也变成了我们思想程序的感觉器官的一部分。于是，产生了两种感觉面：一种是指向知觉；另一种则指向前意识的思想程序。

我必须假定，睡眠使意识指向前意识的感觉面远没有指向知觉系统的感觉面容易兴奋。这种放弃夜间思想程序的兴趣肯定是一个适当程序——思想不再发生什么，因为前意识想要睡眠。而一旦梦变成知觉，它就能通过新获得的性质来刺激意识。这种感觉兴奋其实是在行使它的功能，指引前意识内一部分可以利用的精神投入能量去注意形成兴奋的原因。因此，我们必须承认，每个梦总有一种唤醒作用，使前意识中静止的一部分能量产生活动。在这种能量的影响下，梦会经历润饰作用的过程，这种作用以连贯性和理解性为目的。这意味着这种能量对待梦就像其他任何知觉内容一样，只要材料允许，它至少会受到同样预期观念的影响。只要梦的程序的第三部分具有任何方向性，这就会又一次具有前进性。

为了避免误解，我对梦的程序的时间特征简单介绍一下。在关于毛利令人困惑的断头台梦的一个非常有趣的讨论中，戈布洛特想设法证明，梦不过是占据睡眠和清醒之间的过渡时期。醒来的过程需要时间，梦就是在这期间发生的。人们认为，由于梦的最后景象非常鲜明，才迫使做梦者醒来。事实上，它之所以非常鲜明，只是因为它出现时，做梦者已经快要醒来了。

杜加斯曾经指出，为了普及自己的理论，戈布洛特不得不忽略了大量的事实。也有一些是我们没有清醒时发生的梦，如有许多梦是我们梦见自己在做梦。根据我们对梦的工作的了解，我们无法承认，它仅仅是延续醒来的那段时间。相反，我们必须考虑梦的工作的第一阶段可能在白天就已经开始了，当时我们仍然处在前意识的控制下。梦的工作的第二阶段，即审查制度进行的改变、潜意识情景产生的吸引和知觉的渗透，可能延续整个夜晚。因此，当我们感觉整晚都在做梦，但说不清自己梦见的是什么时，这可能是有道理的。然而，我认为，在变成意识之前，梦的程序不一定是沿着我们描述的时间顺序：首先是转移的梦的愿望，其次是因为审查制度而发生的变形过程，最后是改变为回归的方向。为了描述，我们不得不建立这样的顺序。然而，事实上，这可能是同时探索多种途径的问题，也是兴奋来回变动的问题，直到最后，因为它已经达到了最适当的集合，所以特殊的某一分组就留存下来。某些个人经验使我相信，梦的工作需要超过一天一夜的时间才能产生结果。如果是这样，对于梦的构造表现得如此巧妙，我们也就不会感到奇怪了。我认为，把梦看作知觉事件的理解性，也许在梦吸引意识的注意之前就施加了影响。然而，从这一点开始，梦的程序就开始加速了，因为从此以后梦受到了和其他知觉一样的对待。这就像烟火，需要几个小时的准备，却在刹那间就放完了。

通过梦的工作，梦的程序要么已经获得足够的强度吸引意识、唤醒前意识（完全不受睡眠的时间和深度控制），要么是它的强度不够，所以它必须等待准备，直到醒来前，注意力才马上变得活跃，与之半路相会。大多数的梦都和比较低的精神强度一起活动，因为它们要等待醒来的过程。因此，这可以解释这个事实，如果我们突然从沉睡中醒来，我们通常都能感知到梦见的东西。我们自动醒来的情形也是如此，我们第一眼注意到的是梦的工作创造的知觉内容，然后才注意到外部世界提供的知觉内容。

这些梦具有较大的理论兴趣，能在我们睡眠时把我们弄醒。我们也许会牢记在所有其他情况下能够证明的意义，并会问自己，为什么梦（潜意识的愿望）会获得力量打扰我们的睡眠（前意识的愿望）。这个答案也许可以在我们仍不明白的某些能量关系中发现。如果这样做的话，我们也许就会发现，比起在夜里像白天一样严加控制潜意识，给梦自由并予以某种公允的注意，相对来说则是一种能量的节省。经验表明，即使一夜中多次打断我们的睡眠，梦也仍然和睡眠互相一致。我们醒来一会儿，然后又马上倒头睡去。这就像我们在睡眠中赶走一只苍蝇一样，只是临时醒来。当再次入睡时，意味着我们排除了干扰因素。一些梦例表明，睡眠愿望的满足和在一个特定方向上维持某种程度的注意力是完全一致的。但是，我们必须在这里注意到一个基于对潜意识过程更多了解而产生的反对意见。我们曾经认为潜意识愿望是永远活跃的，同时又声称它们在白天没有足够的力量使人察觉。但是，当睡眠状态伴随发生，潜意识愿望显示了形成梦的力量，并随之唤醒前意识时，为什么梦被觉察后，这种力量又消失了呢？难道梦不能继续重现，就像烦扰的苍蝇被赶走后一次又一次地飞回来？我们有什么理由主张梦排除了睡眠的打扰呢？

潜意识愿望总是活跃，这是千真万确的。它们代表那些总是行得通的途径，只要有一定量的兴奋刺激它们就行了。确实，不可毁灭是潜意识程序的一个显著特征。潜意识里没有任何东西能到达终点，也没有任何东西过时或被遗忘。在研究神经官能症（尤其是癔症）时，这一点给我们留下了非常显著的印象。导致疾病发作的潜意识思想途径，只要有足够的兴奋积聚，就可能马上再次通过。30年前受到的羞辱，在被纳入潜意识的情感来源后，所有这30年来的感受就像最近的一次体验一样，只要一触及这个记忆，它就会复活，并因兴奋而自身表现出精神投入，在发作中获得运动释放。这正是心理治疗必须干涉的地方，它的工作就是确保潜意识程序得到处理和遗忘。记忆的淡忘和往日印象具有的微弱感情，我们往往认为是理所当然的，并解释为时间对我们的精神记忆痕迹产生的初期影响。事实上，这是艰苦工作带来的继发性变化。正是前意识完成了这项工作，而精神治疗所能遵循的唯一途径，就是把潜意识置于前意识的控制之下。

因此，对任何一个单独的潜意识兴奋程序都可能有两种结果：一是它不会被处理，这样最终会在某个地方突破，并在运动中获得兴奋释放；二是它受到前意识的影响，通过这种影响，它的兴奋不是被释放，而是受到束缚。出现在梦的程序中的正是后一种情况。来自前意识的精神投入一旦达到感知的地步，就会和梦汇合，束缚梦的潜意识兴奋，使它无法干扰睡眠。当做梦者醒来一会儿时，他真的会赶走有可能干扰他睡眠的苍蝇。我们现在也许会开始猜想，这的确是比较方便和经济的方法，让潜意识愿望自行其是，打开回归之路，以便它形成梦，然后通过前意识工作的一点力量，束缚和处理这个梦，不必在整个睡眠期间控制潜意识。我们确实可以预期，梦即使原来不是一个有目的的程序，也会在精神生活的各种力量的相互作用下取得某种特定功能。我们现在来看一下这个功能是什么。梦把原来自由的潜意识兴奋带回到前意识的控制之下。

所以，它释放了潜意识的兴奋，充当了后者的安全阀，同时通过微量的清醒活动，保证前意识的睡眠。因此，像其他精神构造一样，梦呈现出一种妥协，同时通过满足两者的愿望，服务两个系统，使它们互相一致。关于罗伯特的"排除理论"，我同意他的主要论点——梦功能的确定性。尽管在综合预想和对梦的程序的判断上，我和他不一样。

"至少两个愿望互相一致"的限定说法，暗示梦的功能有时也会有失败的情况。首先，梦的程序被确认为潜意识的一种愿望的满足。但是，如果这个努力尝试的愿望极度地扰乱前意识，后者就不能保持休息状态，梦就破坏了这种妥协，而且无法进行第二部分任务。在这种情况下，梦就会马上中断，被完全的清醒所代替。但是，如果梦是以睡眠的干扰者（尽管在其他时候是守护者）出现，这其实也不是梦的过错，也不必让我们对其主张有目的的特征产生偏见。这不是有机体中唯一的例子，因为其中通常有用的计策，当情况一发生改变时，就会变得不合时宜，形成干扰，而这种干扰至少具有一种显示变化、调动有机体调节手段的新用途。当然，我现在想的是焦虑梦。为了不让读者误解我是在设法逃避和愿望满足理论相矛盾的主张，我将在下面对焦虑梦的解释作一些说明。

产生焦虑的精神程序可能是一种愿望的满足，这对我们来说，早已不再是任何矛盾。我们可以通过事实来解释这件事，就是愿望属于一个系统（潜意识），而另一个系统（前意识）则拒绝和压抑它。即使是在完美的精神健康中，前意识对潜意识的征服也不彻底。这种抑制程度可以表明我们精神常态的程度。神经官能症的症状向我们显示这两个系统相互冲突，这些症状是这场冲突中产生妥协的结果，而且它们暂时终止了这种冲突。一方面，它们为潜意识提供了释放兴奋的出口——它们是作为一种突破口；另一方面，它们在某种程度上会给前意识支配潜意识的可能性。例如，神经官能症患者无法单独穿过大街，我们可以把这种情况看作"症状"。如果强迫他们去做自己认为无法做到的事情，来消除这种症状，将会产生焦虑症，就像焦虑症常常是形成恐惧症的诱因一样。因此，我们认识到，这种症状之所以形成，是为了防止突发焦虑。恐惧症就像一座边境堡垒一样竖在焦虑面前。

如果我们不去研究那些感情在这些程序中扮演的角色，就无法进一步详述这个主题。只是我们在这方面还无法做得完善。感情对潜意识的压抑之所以成为必要，主要是因为，如果让潜意识中的观念活动自行其是，它就会产生一种本来具有愉快性质的感情，但压抑过程发生之后，就具有了痛苦的性质。压抑的目的和结果就是要阻止这种痛苦的发展。这种压抑之所以延伸到潜意识的观念内容，是因为痛苦的释放可能源自这种观念内容。我们在这里以一个相当明确的假说为基础，来讨论感情发展的性质。这被看作一种运动功能或分泌功能，它的神经分布的关键则可以在潜意识观念中找到。通过前意识的控制，这些观念似乎受到了扼杀，无法产生感情的冲动。因此，如果来自前意识的精神投入停止，就会出现危险。这个事实在于，潜意识兴奋会释放出一种感情，因为压抑这种感情的情况曾经发生过，所以只能感到痛苦和焦虑。

如果让这个梦的程序自行其是，这种危险性就会释放。那些使它得以实现的条件：一是压抑早就发生过；二是压抑的愿望冲动能变得足够强大。因此，它们完全不在梦形成的心理结构之内。如果不是因为我的论题有一个因素（即夜间潜意识的释放）和焦虑产生的主题有关，我就可能不再讨论焦虑梦，从而避免和它有关的所有模糊问题。

我已经反复说过，焦虑梦的理论属于神经官能症心理学。我可以进一步补充，梦中的焦虑是一个焦虑问题，而不是一个梦问题。只要说明神经官能症心理和梦过程主题的接触点，我就没有什么可做的了。因为我曾经宣称神经官能症的焦虑有性的来源，所以我可以分析一些焦虑梦，以便证明梦念中的性材料。

第四节 梦的原发和继发过程——压抑

在尝试更深入地了解梦的过程的心理状态时，我承担了一项艰难任务，因为我凭借自己的解析能力的确难以胜任。要描述如此复杂的一个系统的同时，又要使各个部分摆脱所有设想呈现出来，完全超出了我的能力范围。我现在必须弥补这个事实，就是在阐明梦的心理状态时，我无法遵循自己这些观点的历史性发展。我对梦的理解路线是根据以前对神经官能症心理学研究决定，不应该在这里提到，尽管我常常不得不这样做。我想反向工作，从梦开始，然后建立和神经官能症心理学的连接。我意识到这会给读者带来种种困难，但我又毫无办法避免。

因为我不满意这种事态，所以我愿意仔细研究另一个观点，这似乎会提高我研究成果的价值。在处理梦问题的过程中,我对矛盾的观点大多数都留有余地。我只需要反对其中表达的两种观点:第一,梦是一种没有意义的过程;第二,梦是一种肉体过程。除了这两点,我都能在一整套复杂的事实中为所有相互矛盾的意见找到事实依据,而且能够表明各自表达的观点真实正确。通过发现梦念,已经广泛证实了"我们的梦是继续清醒状态的冲动和兴趣"这一观点。这些梦关注的好像是让我们感到重要和影响极大的事情。梦从来不关心琐碎小事。但是,我也接受相反的观点——梦收集白天残留的无关紧要的事情,而且它在某种程度上自行退出清醒活动之后,才能利用白天出现的任何重要兴趣。我已经发现,这对显梦是有效的,它通过变形,以变化方式来表达梦念。我曾经说过,因为联想机制的特性,梦的程序比较容易得到最近或无关紧要的材料,这还没有处在清醒精神活动的限制之下。因为审查制度,所以它将重要的却又遭反对的材料的精神强度转移到无足轻重的材料上。梦具有的记忆增强性质和处理童年时期材料的能力,已经成为我的理论的重要基础。在我的理论中,我已经把源自童年时期的愿望归因于梦形成不可缺少的动机力量。当然,我并不怀疑睡眠期间外来感官刺激具有的意义,实验已经证实了这一点。但是,我曾经把这个材料放在和梦的愿望相同的关系中,作为清醒活动留下的思想残余。不必怀疑"梦对客观感觉刺激的解析和幻觉一样"这个事实,我已经为这种解析提供了动机,但其他学者对这个动机仍然模糊不清。解析以这种方式进行,所以感知对象并没有打扰睡眠,同时还被用来达成愿望的满足。尽管我不把睡眠期间感觉器官兴奋的主观状态看成梦的一种特殊来源(这好像得到了特鲁布尔·拉德的证实),但我能够通过梦的背后活动的记忆回归性来解释这种兴奋状态。至于那些内部器官的感觉,常常作为解释梦的主要论点,这些也在我的理论中占有一席之地,尽管价值确实不大。这种感觉——坠落、翱翔或被抑制的感觉,代表的是一种随时准备好的材料,梦的工作常常只要有需要,就都能用来表达梦念。

梦的程序转瞬即逝。如果把它看成预先构成的显梦意识的知觉,我相信是正确的。但是,我已经发现,梦的程序的先前部分可能是沿着缓慢波动的路线行进。至于把极其丰富的显梦压缩进最短暂时间内的这个不解之谜,我能够作出的解释是,梦利用了精神生活的现成构造。我发现，一些梦确实会发生变形，并被记忆弄得支离破碎，但这个事实不会出现任何困难，因为它只是梦在开始形成时，变形过程显露的最后一部分。在"心灵生活夜里是入睡还是像白天一样同样利用所有能力"这个似乎无法协调的激烈争议中，我能够得出结论，认为双方都对，但都不全对。在那些梦念中，我发现了一个高度复杂的理智活动几乎和精神机构的所有资源一起工作的证据。然而，无法否认，这些梦念都源自白天，而且绝对有必要假定精神生活有一种睡眠状态。因此，即使是部分睡眠学说也有其价值，但我已经发现睡眠状态的特征不在于连接精神系统的解体，而在于白天支配的精神系统采用的特殊态度——睡眠愿望的态度。从我的观点来看，来自外部世界的变位保留着它的意义。尽管不是唯一起作用的因素，但它有助于促成梦表现的回归进程。放弃对思想流的自动引导无可厚非，但精神生活不会因此变得没有目标，因为我知道，放弃自动指导思想之后，非自动思想就会负责。另外，我不仅认识到梦中松散的关联，还能意想不到地使这种关系达到更远的地区。然而，我发现这仅仅是另一种的强迫替代，是一种具有意义的正确联想。我曾经把这种梦称为荒谬梦，但一些梦例已经向我表明，不管梦表面上有多么荒谬，它都有一定的合理性。对赋予梦的那些功能，我能够全部接受。梦就像解除心灵的安全阀，正如罗伯特所说，各种有害材料在梦中表现出来，就变得无害了。这不仅和我的双重愿望满足理论完全吻合，而且我对这个措辞要比罗伯特本人更了解。"心灵在梦中能自由发挥其能力"和我的理论"前意识活动和梦互不干扰"的观点一致。"梦中精神生活回到胚胎时期"和哈夫洛克·埃利斯说"梦是一个充满大量感情和缺憾思想的古老世界"，这些观点都让我感到高兴，因为他们事先说出了我想说的话。我主张白天受到压抑的原始活动方式在梦的形成中发挥了作用。我完全支持萨利说的话："我们的梦恢复了我们早先连续发展的人格、我们对事物的古老方式，以及很久以前支配我们的冲动和反应方式。"而且，我和德拉格一样，认为受到压抑的材料变成了梦的主要动机。

我完全理解施尔纳所说的梦的幻想作用，以及他本人的解析，但我似乎不得不把它们转移到问题的另一方面。不是梦创造了幻想，而是潜意识幻想活动在梦念的形成中发挥了主要作用。我还是要感谢施尔纳指引我知道了梦念的来源，但他认为属于梦的工作的所有事情都可以归于白天的潜意识活动。这个活动既可以促成梦，也可以引起神经官能症的症状。我认为，必须把梦的工作和这个活动分开，看成截然不同、受到极为严密控制的事情。最后，我也没有放弃探讨梦和精神障碍之间的关系，而是在新的立场上奠定一个更加牢固的基础。

我的理论是将各种新特点结合在一起，就像一个高级统一体，所以我发现其他学者的各式各样、相互矛盾的结论都适合我的理论的结构，其中许多给予了不同的转机，只有少数几个遭到了完全拒绝。但我的理论的结构还没有完成。除了我进入梦心理学的黑暗处遇到的许多模糊问题以外，我现在似乎又尴尬地面临一个新的矛盾。一方面，我认为梦念源自完全正常的精神活动；另一方面，我又在梦念中发现许多完全反常的精神程序。这些程序也延伸到了显梦，而且我在梦的解析中予以再现。被称为"梦的工作"的所有东西，似乎和我认为正确的思想程序大相径庭，从而使前面提到的那些学者作出的最严格判断——认为梦的精神功能是低水平的，这似乎有一定道理。

在这里，也许只有更进一步研究，才能给予解释，并让我重新注意导致梦形成的其中一个构象。

我已经了解到，梦常常取代许多源自日常生活的思想，而且完全符合逻辑性。因此，我不必怀疑这些思想是否源自正常的精神生活。在思想过程中重视的所有品质和所能表现的高度复杂的性能，都会在梦念中重新出现。然而，无须假设这种思想行为表现在睡眠期间，因为这种假设会严重混淆我迄今坚持的睡眠精神状态的概念。相反，这些思想也许就完全源自白天，刚开始刺激时没有引起意识的注意，而且睡眠开始时，它们也许已经完成了。如果我从这种事态得出什么结论的话，那只能证明最复杂的精神作用可能不需要意识协作——这是我不得不从每一位接受心理分析治疗的癔症患者或强迫症患者中了解到的一个事实。当然，这些梦念本身不是没有能力进入意识。如果在白天没有意识到它们，这可能是由于各种不同的原因。这种成为意识的行为要依靠一种明确的精神功能——注意力。这似乎只有在具备一定数量时才能发挥作用，而且可以通过其他目的从当前的思路中转移开来。下面还有一种方法可以抑制这种思路进入意识：从我们的意识反映可以看出，在集中注意力时，我们遵循一条特定的路线。但如果这个路线把我们引向一个无法抵挡批评的观念，就会突然中断，让注意力的精力倾注停下来。虽然遗弃的一连串思想可能会继续发展，但我们不会再去注意，除非它在某一点上达到特别高的强度，才会重新引起注意。因此，如果某个思想过程被判定为错误或无法用于思想行为，从而一开始就被意识拒绝，那么这可能是思想过程直到入睡才被意识注意的原因。

现在让我扼要重述一下：我把这种一连串思想称为前意识系列，并认为它要么仅仅是被忽视的思想系列，要么是被中断或抑制。让我再简单地叙述下我对思想活动产生的看法。我相信，被称为"精力倾注能量"的一定数量的兴奋会从一个目的性观念移植到这个指导观念选择的联想途径上。"被忽视"的一系列思想没有接受这种精力倾注，所以这种精力倾注被从"受到压抑"或"拒绝"的一连串思想中收回。因此，这两种情况都得靠自己的兴奋，通过某目的进行精力倾注的一连串思想，在某些条件下能够吸引意识的注意力，然后通过意识的媒介作用，就会接受过度精力倾注。接下来，我将阐明我对意识的性质和功能的设想。

因此，前意识中引起的一连串思想要么可能自动消失，要么可能持续下去。我认为前一种可能性是这样的：它通过源自其中的所有联想途径扩散能量，使一系列的思想处在一种兴奋状态。这种兴奋状态会持续一阵子，然后消退。通过这种寻求释放的兴奋状态，转变为静止的精力倾注。如果出现第一种可能，这个过程对梦的形成没有进一步的意义。但是，其他指导观念潜伏在前意识中，它们源自潜意识和总是活动的愿望。这些也许会控制因此自行发展的思想领域的兴奋，在它和潜意识愿望之间建立一种联系，并将潜意识愿望中固有的能量转移过去。所以，尽管这种强化无法到达意识，但这种受到忽视和抑制的一连串思想能够保持自我。因此，我认为，迄今一系列的前意识思想已经被拉进了潜意识中。

导致梦形成的还有下面一些构象：前意识思想系列可能一开始就和潜意识愿望相连，因此可能遭到主导目的的精力倾注的拒绝；一个潜意识愿望可能因为其他原因（也许是肉体原因）变得活跃；主动尝试转移到前意识没有进行精力倾注的精神残留。这三种情况都有同样的结果：在前意识中建立的一连串思想，曾经被前意识精力倾注抛弃，但从潜意识愿望中获得了精力倾注。

第五节　梦的潜意识和意识——现实

　　如果更加仔细地观察，我们就可能会发现，前面研究的心理因素需要我们假定，精神机构运动端不是存在两个系统，而是兴奋采取的两种程序或路线。但是，这不会干扰我们，因为当我们认为自己可以通过更接近于未知现实的事情代替它们时，我们必须随时准备放弃辅助的观念。让我们现在尽力纠正某些观念，因为只要我们用最粗略、最明显的意义把两个系统看成精神机构内的两个位置，这些观念就可能会呈现出一种被人误解的形式——就"压抑"和"突破"来说，这是曾经留下一种沉淀物的观念。因此，当一种潜意识思想力争转化为前意识，以便随后突破进入意识时，并不是必须要在一个新地方形成第二种思想，而原本的思想则继续在旁边存在。当说到突破进入意识时，我们切实希望将任何改变地方的观念从这个概念中分离。当我们说前意识思想受到压抑，随后被潜意识吸收时，我们可能受到了这些意象的诱惑。这些意象借用争夺地盘的观念，使我们容易设想，一种排列在一个精神地盘真的遭到破坏，而另一个地盘的新排列就会取而代之。我们要用似乎更加切合真正事态的描述来代替这些比拟：某个能量要么转移到某种排列，要么从某种排列退出，因此这个精神结构要么处在特定动因的控制之下，要么从中退出。在这里，我们再次用一种动态的表现方式来代替地形学的表现方式。我们认为，作为运动元素的不是精神构造，而是它的神经分布。

　　然而，我认为，继续利用这两个系统的解说性观念既方便又合理。我们要避免滥用这种表现方式，记住一般不要把观念、思想和精神构造看成位于神经系统的器质性元素，而可以说成位于它们之间，各种阻力和联想通道形成了与它们相应的关联。一切能够成为内在知觉对象的东西都是虚像，就像光线通过望远镜产生的图像一样。但是，我们有理由把本身不具有精神实体、永远无法到达精神知觉的系统，看成类似于望远镜投射图像的透镜。如果我们继续这种比较，就可以说，这两种系统之间的审查制度相当于光线进入新的介质时产生的折射。

　　到这里为止，我一直在主张自己的心理学。接下来，我要看一看现代心理学中盛行的学说，研究这些学说和我的理论之间的关系。按照利普斯有说服力的叙述,心理学中的潜意识问题和心理学的问题相比,算不上是心理学上的问题。只要心理学讨论这个问题时通过文字说明"精神"是"意识",而潜意识的精神事件是一种明显的矛盾,那么医生对反常精神状态的观察就绝不可能作出任何心理学评价。医生和哲学家只有互相承认"潜意识精神程序"是"整个确定事实适当合理的表达",才能相会在一起。医生对"意识是精神不可缺少的特征"这个主张,不得不耸耸肩,加以拒绝。如果医生对这些哲学家的话仍然怀有足够的敬意,他们也许就会设想,他们和这些哲学家研究的不是同一回事,从事的也不是同一种科学。因为对一个神经官能症患者的精神生活的观察,或对一个梦的一次单独分析,肯定会使医生坚定不移地相信,那些被称为精神过程的最复杂、最准确的思想活动,可以在不引起意识的情况下发生。的确,医生只有在这些潜意识程序对能进行交流或观察的意识产生某种影响之后,才能了解它们。但是,对意识这种影响也许显示了一个和潜意识程序截然不同的精神特征,因此内在知觉可能无法辨别相互的替代物。医生本人必须保留权利,通过推论过程,从意识对潜意识精神程序的影响,深入了解。医生这样就会了解到,这种对意识的影响只是潜意识程序的一个遥远的精神产物,后者不仅没有变成意识,而且它的出现和运作都无法使意识察觉到它的存在。

反对高估的意识特性,是真正深入了解精神事件过程不可缺少的开端。正如利普斯曾经说过的那样,潜意识必须被看成精神生活的普遍基础。潜意识是较大范围,其中包括意识这个较小范围;每一个有意识的东西都具有一个初步的潜意识阶段,而潜意识则能停留在这个阶段,但需要被认为具有完全的精神功能。潜意识是真正的精神现实,对于它的内在性质,就像我们对外部世界一样不了解。而且,它通过意识材料和我们交往,就像通过感觉器官了解外部世界一样,都不完美。

当意识生活和梦生活之间原来的对立面被抛弃,潜意识精神在适当位置时,我们会克服一系列的梦问题,尽管这些梦问题曾经常常引起研究这个主题的早期学者的注意。因此,其中许多在梦中成功呈现,让人惊奇的活动现在不再被归因于做梦,而被归因于白天还在活动的潜意识思维。正如施尔纳所说,梦是强调身体的象征性表现。这是某些潜意识幻想的作用,也许受性冲动的影响,不仅表现在梦中,而且表现在恐惧症和其他症状中。如果梦中继续并完成白天已经开始的精神活动，甚至产生具有价值的新观念，我们需要做的只是从中剥去梦的伪装，因为这个伪装是梦的工作的结果，也是心灵深处隐秘力量协助的标志（塔蒂尼的奏鸣曲《魔鬼的颤音》）。这种智力成就和白天产生的所有这样的结果一样，都属于同样的精神力量。我们也许过分倾向于高估理智和艺术产物的意识特征。更准确地说，根据某些高产作家（如歌德和赫尔姆霍茨）的叙述，我们得知，他们创作的最基本、最新颖的部分是以灵感形式出现在脑海中，并以一种几乎完成的状态自动呈现在意识中。在其他情况下，如果需要所有精神力量的共同努力，意识参与活动也就毫不奇怪了。但是，如果意识活动向我们隐瞒其他活动，那么这就是滥用特权。

似乎不值得把梦的历史意义作为一个独立题目讨论。例如，如果一个人会在一个梦的驱使下去做一项大胆事业，结果这项事业的成功改变了历史。那么只有在这个梦被看成一种神秘力量，并和其他更熟悉的精神力量形成对照时，才会出现这个问题。只要我们把梦看成白天遭遇阻力的一种冲动的表达方式，在夜里它们就能从心灵深处的兴奋来源中得到强化，这个问题就会消失。但是，古人对梦的极大推崇是基于一种正确的心理先知。这是对人类灵魂中无法控制和摧毁的元素提供梦愿望和在潜意识中再次发现魔力的一种尊崇。

我使用"在潜意识中"这种措辞并不是没有目的的，因为我的这种叫法既不同于那些哲学家的潜意识，也不同于利普斯的潜意识，他们使用这个术语时仅仅意味着是意识的对立面。他们唇枪舌剑争论的意见就是，不仅存在意识精神程序，而且存在潜意识精神程序。利普斯阐明了更加详尽的学说，就是一切精神的东西都是以潜意识存在，而其中有些也以意识存在。而我援引这些梦和癔症的症状形成的现象并不是要证明这个学说。毫无疑问，仅仅对正常生活的观察就足以证实它的正确性。从精神病理学构造以及这一类型的梦的分析中，我们了解到了新的事实：潜意识（所有的一切均为精神），是以两个单独系统的一种功能出现，即使正常精神生活也是这样出现。所以，存在两种潜意识，至今还没有被心理学家区别开来。从心理学意义来说，它们都是潜意识。但是，从我的观点来看，第一个称为潜意识，同样无法进入意识；第二个称为前意识，因为其兴奋遵循某些惯例，能够到达意识。这些兴奋再次经历审查制度之前也许不会到达意识，但可以不顾及潜意识。为了到达意识，这些兴奋必须经过一个无法变更的系列——一连串动因，通过审查制度，可以看出这些动因产生的变化，这个事实使我能以空间的类比来描述它们。我描述过这两个系统的相互关系以及和意识的关系，显示了前意识系统像潜意识系统和意识之间的一道屏风。前意识系统不仅挡住了意识的通道，而且控制随意运动的通道，并有权支配运动精力倾注能量的传播，其中一部分是我们熟悉的注意力。

此外，我们也必须避开超意识和下意识之间的区别。它们的区别在最近的精神病文献中备受青睐，因为这种区别好像正好强调精神和意识之间的等同性。

曾经一度全能、遮盖其他所有一切的意识现象，在我对事情的表达中，现在还剩下什么作用呢？正是精神性质感觉器官的作用。根据精神机构框架图的基本概念，我只能把意识知觉看成一种特殊系统的固有功能。我认为，这个系统在机械特征上和知觉系统相似，各种特性能够引起兴奋，却无法保留变化的痕迹，即完全没有记忆。精神机构以知觉系统的感觉器官指向外部世界，对意识的感觉器官来说，其本身就是外部世界，它的目的论在合理性上依靠的就是这种关系。我在这里又一次面对似乎支配精神机构的结构的动因连续原则。兴奋材料从两个方向流到意识感觉器官：第一个来自感觉系统，它的兴奋受质量调节，也许在获得意识知觉之前，要经过新的润饰作用；第二个来自精神机构自身内部，一旦经过某些变化后，它们进入意识，其定量程序便被感知为一系列的快乐和痛苦。

因此，那些认为准确和高度复杂的思想结构即使不经过意识也可能产生的哲学家，发现很难把任何功能归因于意识。在他们看来，这似乎是完整精神程序的一种多余的反映。我们的意识系统和知觉系统的类比使我们摆脱了这个尴尬局面。我们看到，知觉通过感觉器官，把一种注意力的精力倾注引向感觉兴奋即将到达的途径，知觉系统的兴奋在精神机构内调节释放，以满足运动量。我们可以主张意识系统上面的感觉器官也具有同样的功能。通过感知一些新的性质，它对运动精力倾注量的指导和适当分配提供了一种新的贡献。依靠对快乐和痛苦的感知，它会影响精神机构内的精力倾注进程，否则它在潜意识上会通过量的移植发生作用。痛苦原则很可能首先自动调节精力倾注的移植作用，但意识很可能对这些性质进行更微妙的第二种调节，甚至可以反对第一种调节，并完善机构功能，把它放在和原先计划相反的位置，同时引导痛苦进行精力倾注和润饰。我们从神经心理学得知，精神机构功能的重要部分归因于感觉器官不同性质的兴奋进行的调节。原发痛苦原则的自动规则，以及功能限制，因感觉调节而中断，这些调节本身也是自动作用。我们发现，尽管压抑原先是有效的，但最后却缺乏抑制和精神控制，造成了损害，比知觉更容易影响记忆，因为记忆无法从精神感觉器官的兴奋中得到额外的精力倾注。一方面，一个要被排除的思想不可能变为意识，因为它受到了压抑；另一方面，这种思想受到压抑，只是因为其他一些理由而退出了意识知觉。我们在治疗中可以利用这些线索，以便解除一些已经完成的压抑。

意识感觉器官通过对运动数量的调节影响产生的过度精力倾注的价值，可以在目的论的背景中展示出来，明显产生了一系列新的性质，从而带来了一种新的调节。这个调节构成了人类高于动物的显著优点。思想程序本身不具有任何性质，除了伴有快乐和痛苦的兴奋外，因为它们可能会打扰思想，所以必须加以限制。对人类来说，为了赋予它们性质，它们会和言语记忆发生联系，言语记忆剩余的性质则足以吸引意识的注意，依次赋予思想一种新的运动精力倾注。

只有通过对癔症思想程序的分析，才能明白意识问题的多面性。于是，我们得到这样一种印象：前意识精力倾注到意识精力倾注的过渡，类似于潜意识和前意识之间的过渡，都存在一种审查制度。这个审查制度也只有在达到一定限量时才开始行动，因此不是很强的思想构造就会逃脱。所有可能来自意识的阻止和在某些限制下强行进入意识的例子，都包括在神经症现象范围之内，一切都指向审查制度和意识之间的密切双重关系。我要用记录的两个事件来结束所考虑的这些心理学因素。

我在几年前会诊时遇到一个患者，她是一个聪慧的女孩，天真朴素，举止自然，但衣着奇怪。因为女人对衣着通常考虑周到，但她的一只长筒袜下垂，衬衫上的两颗纽扣也没有扣上。她抱怨说一条腿疼。我没有要求她做，她却露出了小腿。她继续抱怨："我体内有一种感觉，好像有什么东西戳了进去。这个东西来回移动，不停地摇晃我。这有时会让我浑身僵硬。"听到这话,参加会诊的一位同事望着我,他显然明白女孩的疾病。然而,让我感到非常奇特的是,患者的母亲却表现出无关紧要的样子,尽管她自己肯定常常处于她的孩子描述的情境中。至于那个女孩,她根本不知道自己说的话的含义,否则她绝不会允许这话从自己的嘴里说出来。在这里,审查制度成功地受到了蒙蔽,所以在一段天真诉说的掩饰下,一种幻想获准进入了意识,否则它就会留在前意识中。

还有一个例子:我给一个14岁男孩进行心理分析治疗,他患有挛缩性抽搐、癔症性呕吐、头痛等。我向他保证说,他闭上眼睛后,会看到一些景象或产生一些想法,然后他要把这些东西告诉我。他通过描述一些景象来回答我的问题。他来见我前的最后印象在他的记忆中栩栩如生地再现。他当时一直在和叔叔下西洋跳棋,现在看到棋盘摆在面前。他对几种有利或不利的阵势和几种不安全的走法进行评论。随后,他看见棋盘上放有一把匕首——那是他父亲的东西,但他的幻想把匕首摆在了棋盘上。接着是一把镰刀,然后是一把大镰刀摆在了棋盘上。最后,他看到了一位老农夫在远处他家房前割草的图像。几天后,我才发现这一系列图像的意义。不愉快的家庭环境使这个男孩躁动不安,他有一个严厉暴躁的父亲。男孩的父亲和母亲生活得不幸福,而且父亲的教育方法由种种威胁组成。他的父亲和温柔娇弱的母亲离婚了。有一天,他的父亲带回家一个年轻女人,做了男孩的后妈。几天后,这个14岁的男孩就生了病。这是他对父亲压抑的愤怒,这种愤怒将这些意象变成了一些可以理解的暗示。这些材料是由一个神话回忆提供的。镰刀是宙斯阉割他父亲用的东西,大镰刀和农夫的意象代表克洛诺斯,这个残暴的老人吞吃了自己的孩子,因此宙斯就以这样不孝的方式对他进行报复。

男孩曾经因为玩弄生殖器,被父亲责备,而父亲的再婚给了男孩一个报复的机会(棋盘、禁止的走法、可以用来杀人的匕首)。这里有长期压抑的记忆及其潜意识的衍生物,它们假借没有意义的图像,通过给它们打开的迂回途径,悄悄进入了意识。如果有人问我梦研究的理论价值是什么,我就会回答,它增加了心理学知识,也增加了我由此对神经官能症的了解,即使依靠目前的知识,也有可能成功地治好神经官能症。所以,如果彻底了解精神机构的结构和功能,其中的重要性谁又能预见呢?但也许有人会问,了解心灵和发现个人隐藏的性格特点,这项研究具有什么实际价值呢？难道梦中显示的潜意识冲动在精神生活中没有真实力量的价值吗？

一个人的行为和思想意识的表现，足以达到判断人的所有实际目的。行动应该放在第一位，因为许多进入意识的冲动还没有付诸行动，就受到了精神生活的真正力量的压制。其实，这些冲动在进行时之所以常常不会遇到任何阻碍，是因为潜意识确信它们会在其他地方遇到阻力。不管怎样，如果我们对自己的美德赖以自豪生存的这片精耕细作的土地有所了解，就会大有启发。因为人类性格的复杂性，动机力量移向四面八方，所以已经很难适应古代道德哲学提出的二者择一的简单方法了。那么，对我们了解未来，梦的价值是什么呢？这当然无法讨论。我愿意用"对我们了解过去"来代替"对我们了解未来"这句话。因为在各种意义上，梦都源自过去。然而，古人相信梦可以预示未来，并非毫无道理。因为那些满足愿望的梦，总是将做梦者引向期待的未来。但是这个被做梦者想象为现在的未来，已被不可摧毁的愿望塑造成和过去一样了。